量 の 推 移

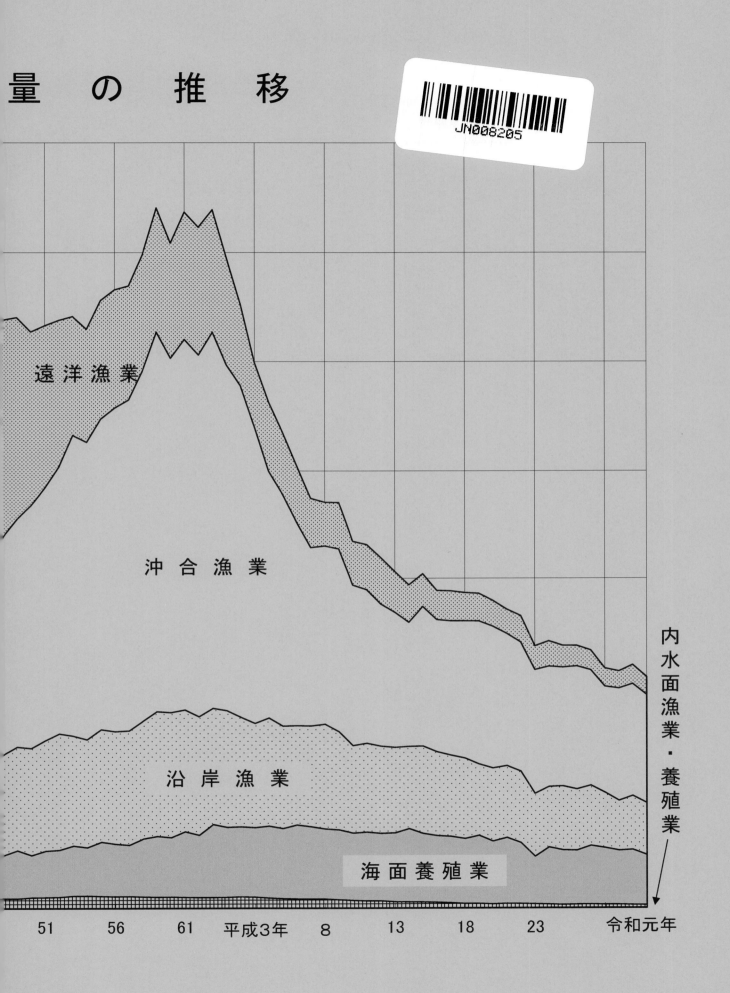

遠洋漁業

沖 合 漁 業

沿 岸 漁 業

海 面 養 殖 業

内水面漁業・養殖業

51　　　　56　　　　61　　平成3年　　8　　　　13　　　　18　　　　23　　　　令和元年

令和元年

漁業・養殖業生産統計年報

大臣官房統計部

令和 3 年 12 月

農林水産省

目　　次

○漁業・養殖業生産統計

［付］調査票

利用者のために

<h1 style="text-align:center">利 用 者 の た め に</h1>

1　調査の目的

　　海面漁業生産統計調査及び内水面漁業生産統計調査は、我が国の海面漁業、海面養殖業、内水
面漁業及び内水面養殖業の生産に関する実態を明らかにし、水産基本計画における水産物の自給
率目標の策定並びに資源の保存及び管理を行うための特定海洋生物資源ごとの漁獲可能量(TAC)
の設定等の水産行政に係る資料を整備することを目的としている。

2　調査の根拠

　　海面漁業生産統計調査は、統計法（平成 19 年法律第 53 号）第 9 条第 1 項に基づく総務大臣の
承認を受けて実施した基幹統計調査である。

　　また、内水面漁業生産統計調査は、同法第 19 条第 1 項に基づく総務大臣の承認を受けて実施
した一般統計調査である。

3　調査の体系

　　調査の体系は、次のとおりである。

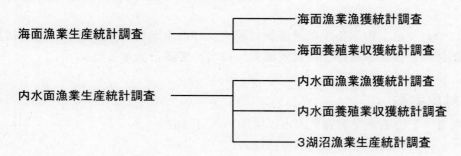

4　調査機構

　　海面漁業生産統計調査は農林水産省大臣官房統計部及び地方組織（地方農政局、北海道農政事
務所、内閣府沖縄総合事務局及び内閣府沖縄総合事務局の農林水産センター。以下同じ。）を通
じて実施し、内水面漁業生産統計調査は農林水産省大臣官房統計部及び地方組織並びに農林水産
省が委託した民間事業者（以下「委託事業者」という。）を通じて実施した。

5　調査期間

　　この調査における調査期間は、平成 31 年 1 月 1 日から令和元年 12 月 31 日までの 1 年間であ
る。

　　なお、遠洋漁業等で年を越えて操業した場合は、港に入港した日の属する年に含めて調査を行
った。

6　調査の対象

（1）　海面漁業生産統計調査

　　海面漁業生産統計調査（海面漁業漁獲統計調査及び海面養殖業収穫統計調査）は、海面に沿
う市区町村及び漁業法（昭和 24 年法律第 267 号）第 86 条第 1 項に基づき市町村指定（昭和 31
年 7 月 17 日農林省告示第 427 号）の区域内にある水揚機関を対象とし、水揚機関で把握できな

い場合に限り海面漁業経営体を対象とした。

　また、外国の法人等に用船された漁船のうち漁獲物が内国貨物扱いされるものは調査対象とした。

(2)　内水面漁業漁獲統計調査

　内水面漁業漁獲統計調査は、2018 年漁業センサス内水面漁業経営体調査の調査結果に基づき、平成 30 年に漁業権の設定等が行われている年間漁獲量 50 トン以上の河川・湖沼及び国の施策上調査が必要な河川・湖沼として農林水産省大臣官房統計部長が指定した河川・湖沼（113 河川・21 湖沼）を管轄する内水面漁業協同組合並びにこれらの河川及び湖沼で内水面漁業を営む経営体（内水面漁業協同組合に属するものを除く。）を対象とした。

　なお、湖沼のうち、琵琶湖、霞ヶ浦及び北浦は、(4)の対象とした。

(3)　内水面養殖業収獲統計調査

　内水面養殖業収獲統計調査は、全国のます類、あゆ、こい、うなぎ及びにしきごいを養殖する全ての内水面養殖業経営体を対象とした。

　なお、琵琶湖、霞ヶ浦及び北浦は、(4)の対象とした。

(4)　3湖沼漁業生産統計調査

　3湖沼漁業生産統計調査は、①琵琶湖、霞ヶ浦及び北浦で生産された水産物を扱う全ての水揚機関、②琵琶湖、霞ヶ浦及び北浦で漁業又は養殖業を営む全ての漁業経営体及び養殖業経営体を対象とした。

　なお、本調査結果については、内水面漁業漁獲統計調査及び内水面養殖業収獲統計調査結果の該当県（琵琶湖は滋賀県、霞ヶ浦及び北浦は茨城県）に含めて統計表章した。

7　調査区数・調査対象者数

(1)　海面漁業漁獲統計調査　：海面漁業調査区（水揚機関）　　　1,637
　　　　　　　　　　　　　　　海面漁業調査区（一括調査）　　　　367
　　　　　　　　　　　　　　　往復郵送調査対象　　　　　　　　　187
(2)　海面養殖業収獲統計調査　：海面養殖業調査区（水揚機関）　　　839
　　　　　　　　　　　　　　　海面養殖業調査区（一括調査）　　　122
　　　　　　　　　　　　　　　往復郵送調査対象　　　　　　　　　594
(3)　内水面漁業漁獲統計調査　：水揚機関等　　　　　　　　　　　755
(4)　内水面養殖業収獲統計調査：水揚機関等　　　　　　　　　　2,015
(5)　3湖沼漁業生産統計調査　：水揚機関等　　　　　　　　　　　136

8　調査事項

(1)　海面漁業漁獲統計調査

　ア　海面漁業漁獲統計調査票（水揚機関用・漁業経営体用）

　（ア）　漁業種類名

　（イ）　操業水域

　（ウ）　魚種別漁獲量

　イ　海面漁業漁獲統計調査票（一括調査用）

　（ア）　漁ろう体数

　（イ）　1漁ろう体当たり平均出漁日数

　（ウ）　1漁ろう体1日当たり平均漁獲量

（2）　海面養殖業収獲統計調査
　　ア　海面養殖業収獲統計調査票（水揚機関用・漁業経営体用）
　　（ア）　養殖魚種別収獲量
　　（イ）　年間種苗販売量
　　（ウ）　年間投餌量（水揚機関のみ）
　　イ　海面養殖業収獲統計調査票（一括調査用）
　　（ア）　総施設面積
　　（イ）　１施設当たり平均面積
　　（ウ）　１施設当たり平均収獲量
（3）　内水面漁業漁獲統計調査
　　ア　魚種別漁獲量
　　イ　天然産種苗採捕量
（4）　内水面養殖業収獲統計調査
　　ア　魚種別収獲量（食用）
　　イ　魚種別種苗販売量
　　ウ　観賞魚販売量
（5）　３湖沼漁業生産統計調査
　　ア　漁業種類別魚種別漁獲量
　　イ　天然産種苗採捕量
　　ウ　養殖魚種別収獲量
　　エ　魚種別種苗販売量

9　調査方法

（1）　海面漁業漁獲統計調査及び海面養殖業収獲統計調査
　　　この調査は、原則年１回（海面養殖業収獲統計調査におけるのり類及びかき類にあっては、原則年２回）とし、次に掲げる方法により行った。
　　ア　水揚機関
　　　統計調査員が、次のいずれかの方法により、水揚機関を代表する者に対し調査を実施した。
　　（ア）　水揚機関用調査票又は電磁的記録媒体を配布して行う自計調査又はオンライン調査の方法
　　（イ）　面接調査の方法
　　（ウ）　水揚機関の事務所の電子計算機又は紙に出力された記録を閲覧し調査票に転記する他計調査の方法
　　イ　海面漁業経営体
　　　水揚機関で把握できない海面漁業経営体については、次のいずれかの方法により調査を実施した。
　　（ア）　統計調査員が調査対象に一括調査用調査票を送付して行う自計調査の方法又は面接調査の方法
　　（イ）　往復郵送調査又はオンライン調査の方法
　　ウ　漁獲成績報告書等を利用できる漁業種類を営む海面漁業経営体については、ア又はイの調査方法に代えて、漁獲成績報告書等による取りまとめを行った。
（2）　内水面漁業漁獲統計調査、内水面養殖業収獲統計調査及び３湖沼漁業生産統計調査
　　　この調査は、調査対象が調査票の配布及び回収方法を自由に選択できることとし、調査

実施前に、委託事業者が調査対象に確認を行い、次に掲げる方法により行った。
ア　調査対象者が自計調査を選択した場合
　(ア)　委託事業者が郵送により調査票を配布し、郵送又は統計調査員が回収する方法
　(イ)　オンライン調査による方法
イ　調査対象者が他計調査を選択した場合
　　民間事業者が任命した統計調査員による面接調査の方法

10　集計方法

(1)　集計の実施系統
　　この調査の集計は、農林水産省大臣官房統計部及び地方組織において行った。
(2)　集計方法
　　水揚機関等の調査結果を積み上げ、全国及び都道府県別に集計した。
　　なお、集計値の計上方法は次のとおりである。
ア　海面漁業生産統計調査は、海面漁業経営体の所在地に計上した。
イ　内水面漁業生産統計調査
　(ア)　内水面漁業漁獲統計調査は、原則として漁業経営体が漁獲した河川及び湖沼ごとに計上した。
　(イ)　内水面養殖業収獲統計調査は、養殖業経営体の事務所の所在地に計上した。
　(ウ)　3湖沼漁業生産統計調査は、漁業経営体が漁獲又は養殖業経営体が収獲した3湖沼に所在する県に含めて計上した。
ウ　漁業・養殖業水域別生産統計
　　この調査結果は、国立研究開発法人水産研究・教育機構国際水産資源研究所及び東北区水産研究所が把握する漁業種類の漁獲量データを参考にして国際連合食糧農業機関（ＦＡＯ）が定める水域区分別に組み替えたものである。
　　なお、遠洋漁業等で年を越えて操業した場合は、港に入港した日の属する年に含めて調査を行った。したがって、ＦＡＯ統計に掲載されている数値とは異なる（ＦＡＯ統計では、かつお・まぐろ等について、漁獲成績報告書等に基づいた数値を利用し、漁獲した日の属する年に計上されている。）。

注：　ア及びイの調査において、調査報告のなかった調査対象の数値については、調査結果に計上していない。

11　実績精度

本調査は全数調査のため、実績精度の算出を行っていない。

12　用語の定義及び約束

(1)　海面漁業漁獲統計調査
ア　海面漁業
　　海面（サロマ湖、能取湖、風蓮湖、温根沼、厚岸湖、加茂湖、浜名湖及び中海を含む。）において水産動植物を採捕する事業（くじら、いるか以外の海獣を猟獲する事業を除く。）をいう。
イ　遠洋漁業

遠洋底びき網漁業、以西底びき網漁業、大中型１そうまき遠洋かつお・まぐろまき網漁業、太平洋底刺し網等漁業、遠洋まぐろはえ縄漁業、大西洋等はえ縄等漁業、遠洋かつお一本釣漁業及び沖合いか釣漁業（沖合漁業に属するものを除く。）（各漁業の定義は、それぞれ本調査の漁業種類分類の定義（15 の(2)のアを参照）に定めるところによる。ウ及びエにおいても同じ。）をいう。

ウ　沖合漁業

沖合底びき網漁業、小型底びき網漁業、大中型１そうまきその他のまき網漁業、大中型２そうまき網漁業、中・小型まき網漁業、さけ・ます流し網漁業、かじき等流し網漁業、さんま棒受網漁業、近海まぐろはえ縄漁業、沿岸まぐろはえ縄漁業、東シナ海はえ縄漁業、近海かつお一本釣漁業、沿岸かつお一本釣漁業、沖合いか釣漁業（遠洋漁業に属するものを除く。）、沿岸いか釣漁業、日本海べにずわいがに漁業及びずわいがに漁業をいう。

エ　沿岸漁業

船びき網漁業、その他の刺網漁業（遠洋漁業に属するものを除く。）、大型定置網漁業、さけ定置網漁業、小型定置網漁業、その他の網漁業、その他のはえ縄漁業（遠洋漁業又は沖合漁業に属するものを除く。）、ひき縄釣漁業、その他の釣漁業及びその他の漁業（遠洋漁業又は沖合漁業に属するものを除く。）をいう。

なお、海面漁業の部門別（遠洋漁業、沖合漁業及び沿岸漁業）の漁獲量は、平成19年から漁船のトン数階層別の漁獲量の調査を実施しないこととしたため、平成19年から22年までの数値は推計値であり、平成23年以降の調査については「イ　遠洋漁業」、「ウ　沖合漁業」及び「エ　沿岸漁業」に属する漁業種類ごとの漁獲量（太平洋底刺し網等漁業、大西洋等はえ縄等漁業、東シナ海はえ縄漁業、日本海べにずわいがに漁業及びずわいがに漁業の内訳については、水産庁から提供を受けたもの）を積み上げたものである。

オ　漁業経営体

利潤又は生活の資を得るために海面漁業を営む世帯又は事業所をいう。

カ　水揚機関

生産物の陸揚地に生産物の売買取引を目的とする市場を開設している者及び生産物の陸揚地に所在する漁業協同組合、会社等の事業所で生産物の陸揚げをした者から生産物を譲り受け、又はその販売の委託を受けるものをいう。

キ　漁獲量

漁ろう作業により得られた水産動植物の採捕時の原形重量をいい、乗組員の船内食用、自家用（食用又は贈答用）、自家加工用、販売活餌等を含む。ただし、次のものは除外した。

なお、単位は、原則としてトンで計上した。

(ｱ)　操業中に丸のまま海中に投棄したもの

(ｲ)　沈没により減失したもの

(ｳ)　自家用の漁業用餌料（たい釣のためのえび類、敷網等のためのあみ類等）として採捕したもの

(ｴ)　自家用の養殖用種苗として採捕したもの

(ｵ)　自家用肥料に供するために採捕したもの（主として海藻類、かしぱん、ひとで類等）

なお、船内で加工された塩蔵品、冷凍品、缶詰等はその漁獲物を採捕時の原形重量に換算した。

(ｶ)　官公庁、学校、試験研究機関等による水産動植物の採捕

調査、訓練、試験研究等を目的として、官公庁、学校、試験研究機関等が行う水産

　　動植物の採捕の事業のうち、生産物の販売を伴わないもの
(2) 海面養殖業収獲統計調査
　ア 海面養殖業
　　海面又は陸上に設けられた施設において、海水を使用して水産動植物を集約的に育成し、収獲する事業をいう。
　　なお、海面養殖業には、海面において、魚類を除く水産動植物の採苗を行う事業を含み、次のものは除外した。
　　(ｱ) 蓄養
　　　価格維持又は収獲時若しくは購入時と販売時の価格差による収益をあげることを目的として、水産動物をいけす等に収容し、育成は行わず一定期間生存させておく行為をいう。
　　(ｲ) 増殖事業
　　　天然における水産動植物の繁殖、資源の増大を目的として、水産動植物の種苗採取、ふ化放流等を行う事業をいう。
　　(ｳ) 釣堀
　　　水産動物をいけす等に収容し、利用者から料金を徴収して釣等を行わせるサービス業をいう。ただし、釣堀を営むために業者自らが水産動物類の養殖を行っている場合は、釣堀に供するまでの段階を養殖業として扱う。
　　(ｴ) 官公庁、学校、試験研究機関等による水産動植物の養殖
　　　調査、訓練、試験研究等を目的として、官公庁、学校、試験研究機関等が行う水産動植物の養殖の事業のうち、生産物の販売を伴わないものをいう。
　イ 漁業経営体
　　利潤又は生活の資を得るために海面養殖業を営む世帯又は事業所をいう。
　　なお、真珠養殖における経営体とは、母貝仕立て（挿核準備）、挿核施術から施術後の貝の養成、管理を一貫して行うものをいう。
　ウ 施設面積
　　海面養殖業を営むために築堤等で区切った海面、海面に敷設した施設又は陸上に設けられた施設の面積（養殖施設の投影面積の合計）をいう。
　エ 水揚機関
　　(1)のカに同じ。
　オ 養殖収獲量等の計上方法
　　(ｱ) 魚類養殖及び水産動物類養殖
　　　a 養殖収獲量
　　　　収獲した量（種苗養殖による収獲を除く。）をトン単位で計上した。
　　　b 投餌量
　　　　養殖のために投与した餌料の量をいい、トン単位で計上した（種苗養殖のために投与した餌料は含めない。）。
　　　　なお、投餌量は養殖合計及びその内訳としてぶり類及びまだいを調査した。
　　(ｲ) かき類
　　　殻付き重量をトン単位で計上した。
　　　なお、平成23年までは殻付き重量及びむき身重量を表章していたが、平成24年から殻付き重量のみを表章することとした。

　　また、計上期間は暦年（1月から12月まで）、養殖年度（7月から翌年6月まで）及び半期（1月から6月まで、7月から12月まで及び翌年1月から6月まで）とした。ただし、翌年1月から6月までは概数である。

　(ウ)　ほたてがい及びその他の貝類養殖
　　　殻付き重量をトン単位で計上した。

　(エ)　のり類
　　　板のり及びばらのりの干重量を生重量換算したものにその他（生重量）を加え、トン単位で計上した。
　　　また、計上期間は暦年（1月から12月まで）、養殖年度（7月から翌年6月まで）及び半期（1月から6月まで、7月から12月まで及び翌年1月から6月まで）とし、板のりは1,000枚単位で、ばらのり及びその他はトン単位で計上した。ただし、翌年1月から6月までは概数である。

　(オ)　こんぶ類養殖、わかめ類養殖及びその他の海藻類養殖
　　　生重量をトン単位で計上した。
　　　なお、干製品で調査したものは生重量に換算した。

　(カ)　真珠養殖
　　　収獲された真珠のうち、販売に供し得ないくず玉を除き、キログラム単位で計上した。

カ　種苗養殖
　　種苗養殖とは、次の種苗養殖（自家用を除く。）をいう。

　(ア)　ぶり類種苗養殖　　　(イ)　まだい種苗養殖　　　(ウ)　ひらめ種苗養殖
　(エ)　真珠母貝養殖　　　(オ)　ほたてがい種苗養殖　(カ)　かき類種苗養殖
　(キ)　くるまえび種苗養殖　(ク)　わかめ類種苗養殖　(ケ)　のり類種苗養殖

キ　種苗販売量
　　カのうち、養殖用、増殖用等として販売した量をいう。
　　ぶり類種苗、まだい種苗、ひらめ種苗及びくるまえび種苗は、1,000尾単位で計上した。
　　真珠母貝は、トン単位で計上した。
　　ほたてがい種苗は、1,000粒単位で計上した。
　　かき類種苗は、1,000連単位で計上した（1連は貝がら60個）。
　　わかめ類種苗は、種縄又は種糸の長さを1,000m単位で計上した。
　　のり類種苗は、網ひびは全国標準規格として18.2m×1.5mを1枚に換算し1,000枚単位で、貝がらは1,000個単位で計上した。

(3)　内水面漁業漁獲統計調査
　ア　内水面漁業
　　　公共の用に供する水面のうち内水面において、水産動植物を採捕する事業をいう。
　イ　内水面漁業経営体
　　　内水面漁業を営む世帯又は事業所をいう。
　ウ　漁獲量
　　　利潤又は生活の資を得るために生産物の販売を目的として内水面漁業により採捕された水産動植物の採捕時の原形重量をいい、自家消費を含むが、投棄した数量及び農家等が肥料用に採捕した藻類等の数量は販売しない限り除外した。
　　　なお、単位はトンで計上した。

(4)　内水面養殖業収獲統計調査
　ア　内水面養殖業

　　一定区画の内水面又は陸上において、淡水を使用して水産動植物（種苗を含む。）を集約的に育成し、収穫する事業をいう。ただし、(2)のアに掲げるもの及び次に掲げるものは除外した。

　(ｱ)　水田養魚

　　　水田（当該調査年に全く水田として利用しないで専ら養殖池として利用したものを除く。）又は稲を植える前若しくは刈り取った後の空田を利用して養魚を行う事業をいう。

　(ｲ)　観賞魚

　　　観賞魚（にしきごいを除く）の育成を行う事業をいう。

　(ｳ)　内水面においてかん水を用いる養殖業

　　　内水面においてかん水（海水等の塩分を含んだ水をいう。）を用いる養殖業をいう。ただし、あゆの種苗をかん水を用いて生産し販売を行った場合は、調査の対象とし、種苗販売量に含めた。

　イ　内水面養殖業経営体

　　内水面養殖業を営む世帯又は事業所をいう。

　ウ　収獲量

　　内水面養殖業により食用を目的に収獲した数量をいい、自家用（食用）を含む。

　　養殖収獲量は、収獲時の原形重量により計上し、種苗販売量は含めない。

　　なお、単位はトンで計上した。

　エ　種苗販売量

　　　増殖用（放流を含む。）又は養殖用の種苗生産（中間育成を除く。）を目的として、内水面漁業により採取された卵又は養殖された稚魚のうち販売された数量をいう。

　　　稚魚は 1,000 尾単位で、卵は 1,000 粒単位で計上した。

　オ　観賞魚販売量（にしきごい）

　　　観賞用を目的として、内水面で養殖（卵又は稚魚から観賞用サイズまで育てること）を行い販売した数量をいう。

(5)　漁業・養殖業水域別生産統計

　　国際連合食糧農業機関（ＦＡＯ）が定める世界水域区分図は 15 の (6) に掲載している。

13　利用上の注意

(1)　調査項目の見直し

　　令和元年（今回調査）より、以下のとおり見直しを行った。

　ア　稼働量調査の廃止

　イ　海面漁業漁獲統計調査

　　　漁業種類の変更、魚種の細分化、分離

　　　特殊魚種別漁獲量の廃止

　ウ　海面養殖業収獲統計調査

　　　魚種の統合

　　　（イ及びウの新旧対照表は、P11、12 に掲載）

　エ　内水面養殖業収獲統計調査

　　　にしきごいの追加

海面漁業漁獲統計調査漁業種類分類の新旧対照表

平成30年調査まで（34漁業種類）　　　　➡　　　　令和元年調査から（32漁業種類）

平成30年調査まで（34漁業種類）

漁　業　種　類		
網びき網	底びき網	遠洋底びき網
		以西底びき網
		沖合底びき網（1そうびき）
		沖合底びき網（2そうびき）
		小型底びき網
	船びき網	
	まき網	大中型まき網 1そうまき 遠洋かつお・まぐろ
		大中型まき網 1そうまき 近海かつお・まぐろ
		大中型まき網 1そうまき その他
		大中型まき網 2そうまき
		中・小型まき網
	刺網	さけ・ます流し網
		かじき等流し網
		その他の刺網
	敷網	さんま棒受網
	定置網	大型定置網
		さけ定置網
		小型定置網
	その他の網漁業	
釣漁業	はえ縄 まぐろはえ縄	遠洋まぐろはえ縄
		近海まぐろはえ縄
		沿岸まぐろはえ縄
		その他のはえ縄
	はえ縄以外の釣 かつお一本釣	遠洋かつお一本釣
		近海かつお一本釣
		沿岸かつお一本釣
	いか釣	遠洋いか釣
		近海いか釣
		沿岸いか釣
		ひき縄釣
		その他の釣
捕鯨業	小型捕鯨	
その他	採貝・採藻	
	その他の漁業	

令和元年調査から（32漁業種類）

漁　業　種　類		
網びき網	底びき網	遠洋底びき網
		以西底びき網
		沖合底びき網
		小型底びき網
	船びき網	
	まき網	大中型まき網 1そうまき 遠洋かつお・まぐろ
		大中型まき網 1そうまき その他
		大中型まき網 2そうまき
		中・小型まき網
	刺網	さけ・ます流し網
		かじき等流し網
		その他の刺網
	敷網	さんま棒受網
	定置網	大型定置網
		さけ定置網
		小型定置網
	その他の網漁業	
釣漁業	はえ縄 まぐろはえ縄	遠洋まぐろはえ縄
		近海まぐろはえ縄
		沿岸まぐろはえ縄
		その他のはえ縄
	はえ縄以外の釣 かつお一本釣	遠洋かつお一本釣
		近海かつお一本釣
		沿岸かつお一本釣
	いか釣	沖合いか釣
		沿岸いか釣
		ひき縄釣
		その他の釣
捕鯨業	小型捕鯨	
	大型捕鯨	
	母船式捕鯨	
	その他の漁業	

海面漁業漁獲統計調査魚種別分類の新旧対照表

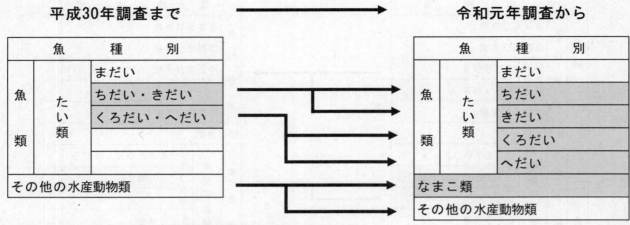

※なまこ類については、その他の水産動物類から分離した。

海面養殖業収獲統計調査魚種別分類の新旧対照表

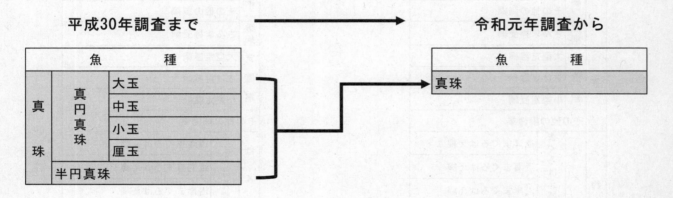

(2) 調査対象の変更

　内水面漁業生産統計調査の調査対象河川及び湖沼については、平成21年から25年までは108河川24湖沼、平成26年から30年までは112河川24湖沼、令和元年は113河川24湖沼を調査対象とした。

　なお、内水面漁業の調査範囲を販売を目的として漁獲された量のみとし、遊漁者（レクリエーションを主な目的として水産動植物を採捕するもの）による採捕量は含めていない。

(3) 捕鯨業による鯨類は漁獲量に含めておらず、単位は頭で計上している。

(4) 単位及び記号の表示

　ア　単位

　　表示単位未満を四捨五入したため、合計値と内訳の計が一致しない場合がある。

　イ　記号

　　この報告書に使用した記号は、次のとおりである。

「0」： 単位に満たないもの（例：漁獲量0.4トン→0トンなど）

「－」： 事実のないもの

「…」： 事実不詳又は調査を欠くもの

「x」： 個人又は法人その他の団体に関する秘密を保護するため、統計数値を公表しないもの

「△」： 負数又は減少したもの

(5) 秘匿措置について

統計調査結果について、調査対象者数が2以下の場合には、個人又は法人その他の団体に関する調査結果の秘密保護の観点から当該結果を「x」表示とする秘匿措置を施している。

なお、全体（計）からの差引きにより、秘匿措置を講じた当該結果が推定できる場合には、本来秘匿措置を施す必要のない箇所についても「x」表示としている。

(6) この統計表に掲載された数値を他に掲載する場合は、「漁業・養殖業生産統計」（農林水産省）による旨を記載してください。

(7) 東日本大震災の影響

平成23年の海面漁業・養殖業の生産量については、東日本大震災の影響により、岩手県、宮城県及び福島県においてデータを消失した調査対象があり、消失したデータは含まない数値である。

また、東京電力福島第一原子力発電所事故の影響を受けた区域において、同事故の影響により出荷制限、出荷自粛等の措置がとられたものについては、漁獲したものであっても生産量には含めない。

(8) 本統計の累年データについては、農林水産省ホームページ中の統計情報に掲載している分野別分類「水産業」の「海面漁業生産統計調査」及び「内水面漁業生産統計調査」で御覧いただけます。

海面漁業生産統計調査

【 https://www.maff.go.jp/j/tokei/kouhyou/kaimen_gyosei/index.html#1 】

内水面漁業生産統計調査

【 https://www.maff.go.jp/j/tokei/kouhyou/naisui_gyosei/index.html#1 】

14 お問合せ先

農林水産省 大臣官房統計部

生産流通消費統計課 漁業生産統計班

電　話： （代表）　03－3502－8111　内線3687

　　　　　（直通）　03－3502－8094

FAX：　　　　03－5511－8771

※ 本調査に関する御意見・御要望は、上記問合せ先のほか、農林水産省ホームページでも受け付けております。

【 https://www.contactus.maff.go.jp/j/form/tokei/kikaku/160815.html 】

15 参考事項
(1) 大海区区分図
　　漁業の実態を地域別に明らかにするとともに、地域間の比較を容易にするため、海況、気象等の自然条件、水産資源の状況等を勘案して定めた区分（水域区分ではなく地域区分）をいう。

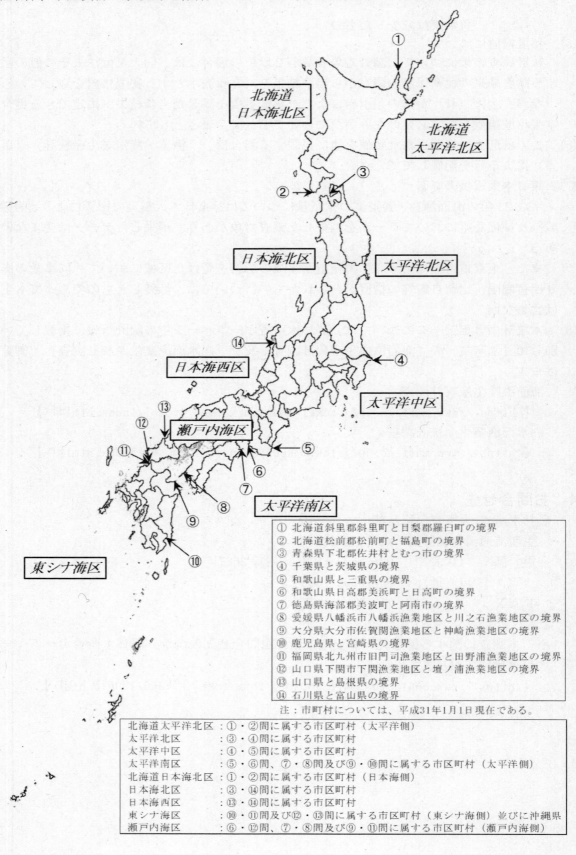

① 北海道斜里郡斜里町と目梨郡羅臼町の境界
② 北海道松前郡松前町と福島町の境界
③ 青森県下北郡佐井村とむつ市の境界
④ 千葉県と茨城県の境界
⑤ 和歌山県と三重県の境界
⑥ 和歌山県日高郡美浜町と日高町の境界
⑦ 徳島県海部郡美波町と阿南市の境界
⑧ 愛媛県八幡浜市八幡浜漁業地区と川之石漁業地区の境界
⑨ 大分県大分市佐賀関漁業地区と神崎漁業地区の境界
⑩ 鹿児島県と宮崎県の境界
⑪ 福岡県北九州市旧門司漁業地区と田野浦漁業地区の境界
⑫ 山口県下関市下関漁業地区と壇ノ浦漁業地区の境界
⑬ 山口県と島根県の境界
⑭ 石川県と富山県の境界

注：市町村については、平成31年1月1日現在である。

北海道太平洋北区	：①・②間に属する市区町村（太平洋側）
太平洋北区	：③・④間に属する市区町村
太平洋中区	：④・⑤間に属する市区町村
太平洋南区	：⑤・⑥間、⑦・⑧間及び⑨・⑩間に属する市区町村（太平洋側）
北海道日本海北区	：①・②間に属する市区町村（日本海側）
日本海北区	：③・⑭間に属する市区町村
日本海西区	：⑬・⑭間に属する市区町村
東シナ海区	：⑩・⑪間及び⑫・⑬間に属する市区町村（東シナ海側）並びに沖縄県
瀬戸内海区	：⑥・⑫間、⑦・⑧間及び⑨・⑪間に属する市区町村（瀬戸内海側）

(2) 海面漁業漁獲統計調査に用いる分類の定義

ア 漁業種類分類の定義

漁 業 種 類 名			定　　　義	内 容 例 示
綱び き漁業	底び き網	遠洋底びき網	北緯 10 度 20 秒の線以北、次に掲げる線から成る線以西の太平洋の海域以外の海域において総トン数 15 トン以上の動力漁船により底びき網を使用して行う漁業（指定漁業） イ　北緯 25 度 17 秒以北の東経 152 度 59 分 46 秒の線 ロ　北緯 25 度 17 秒東経 152 度 59 分 46 秒の点から北緯 25 度 15 秒東経 128 度 29 分 53 秒の点に至る直線 ハ　北緯 25 度 15 秒東経 128 度 29 分 53 秒の点から北緯 25 度 15 秒東経 120 度 59 分 55 秒の点に至る直線 ニ　北緯25度15秒以南の東経120度59分55秒の線	
		以西底びき網	北緯 10 度 20 秒の線以北、次に掲げる線から成る線以西の太平洋の海域において総トン数15 トン以上の動力漁船により底びき網を使用して行う漁業（指定漁業） イ　北緯 33 度 9 分 27 秒以北の東経 127 度 59 分 52 秒の線 ロ　北緯 33 度 9 分 27 秒東経 127 度 59 分 52 秒の点から北緯 33 度 9 分 27 秒東経 128 度 29 分 52 秒の点に至る直線 ハ　北緯 33 度 9 分 27 秒東経 128 度 29 分 52 秒の点から北緯 25 度 15 秒東経 128 度 29 分 53 秒の点に至る直線 ニ　遠洋底びき網のハ及びニの線	
		沖合底びき網	北緯 25 度 15 秒東経 128 度 29 分 53 秒の点から北緯 25 度 17 秒東経 152 度 59 分 46 秒の点に至る直線以北、以西底びき網のイ、ロ及びハから成る線以東、東経 152 度 59 分 46 秒の線以西の太平洋の海域において総トン数15 トン以上の動力漁船により底びき網を使用して行う漁業（指定漁業）	
		小型底びき網	総トン数15 トン未満の動力漁船により底びき網を使用して行う漁業（法定知事許可漁業）	かけまわし、2 そうびき、板びき網、えびこぎ網、戦車こぎ網、けた網（貝、えび等）、まんが、打瀬網（帆、潮）
	船びき網		海底以外の中層若しくは表層をえい網する網具（ひき回し網）又は停止した船（いかりで固定するほか、潮帆又はエンジンを使用して対地速度をほぼゼロにしたものを含む。）にひき寄せる網具（ひき寄せ網）を使用して行う漁業（瀬戸内海において総トン数 5 トン以上の動力漁船を使用して行うものは、法定知事許可漁業）	ぱっち網、2 そうびき船びき網、浮きひき網、吾智（＝ごち）網、船びき網（錨（＝いかり）どめ）

ア　漁業種類分類の定義（続き）

漁　業　種　類　名				定　　　　　義		内容例示
綱漁業（続き）	まき網	大中まき網	1そうまき	遠洋かつお・まぐろ	総トン数40トン（北海道恵山岬灯台から青森県尻屋崎灯台に至る直線の中心点を通る正東の線以南、同中心点から尻屋崎灯台に至る直線のうち同中心点から同直線と青森県の最大高潮時海岸線との最初の交点までの部分、同交点から最大高潮時海岸線を千葉県野島崎灯台正南の線と同海岸線との交点に至る線及び同点正南の線から成る線以東の太平洋の海域にあっては、総トン数15トン）以上の動力漁船によりまき網を使用して行う漁業（指定漁業）	1そうまきでかつお・まぐろ類をとることを目的として、遠洋（太平洋中央海区（東経179度59分43秒以西の北緯20度21秒の線、北緯20度21秒以北、北緯40度16秒以南の東経179度59分43秒の線及び東経179度59分43秒以東の北緯40度16秒の線から成る線以南の太平洋の海域（南シナ海の海域を除く。））又はインド洋海区（南緯19度59分35秒以北（ただし、東経95度4秒から東経119度59分56秒の間の海域については、南緯9度59分36秒以北）のインド洋の海域）で操業するもの	
				その他		1そうまきで大中型遠洋かつお・まぐろまき網に係る海域以外で操業するもの	
			2そうまき			2そうまきで行うもの	
		中・小型まき網			指定漁業以外のまき網（総トン数5トン以上40トン未満の船舶により行う漁業は、法定知事許可漁業）	縫い切り網、しばり網、瀬びき網
	刺網	さけ・ます流し網			流し網を使用してさけ又はますをとることを目的とする漁業（総トン数30トン以上の動力漁船により行うものは指定漁業、30トン未満の動力漁船により行うものは法定知事許可漁業）	
		かじき等流し網			総トン数10トン以上の動力漁船により流し網を使用してかじき、かつお、まぐろ又はさめをとることを目的とする漁業（東経127度59分52秒の線以西の日本海及び東シナ海の海域において行うものは特定大臣許可漁業、それ以外のものは届出漁業（知事許可等を要するものもある。））	
		その他の刺網			流し網又は刺網を使用して行う漁業でさけ・ます流し網及びかじき等流し網以外のもの（太平洋の公海（我が国又は外国の排他的経済水域を除く。）において動力漁船により行うものは、特定大臣許可漁業）	中層刺網、底刺網、浮き刺網、流し網、まき刺網、こぎ刺網、太平洋底刺し網、日ロ民間操業による刺網漁業
	敷網	さんま棒受網			棒受網を使用してさんまをとることを目的とする漁業（北緯34度54分6秒の線以北、東経139度53分18秒の線以東の太平洋の海域（オホーツク海及び日本海の海域を除く。）において総トン数10トン以上の動力漁船により行うものは、指定漁業）	

漁 業 種 類 名			定 義	内 容 例 示
網漁業（続き）	定置網	大型定置網	漁具を定置して営む漁業であって、身網の設置される場所の最深部が最高潮時において水深27メートル（沖縄県にあっては、15メートル）以上であるもの（瀬戸内海におけるます網漁業並びに陸奥湾（青森県焼山崎から同県明神崎灯台に至る直線及び陸岸によって囲まれた海面をいう。）における落とし網漁業及びます網漁業を除く。）	
		さけ定置網	漁具を定置して営む漁業であって、北海道においてさけを主たる漁獲物とするもの	
		小型定置網	定置網であって大型定置網及びさけ定置網以外のもの	ます網、つぼ網、角建網
	その他の網漁業		網漁業であって底びき網、船びき網、まき網、刺網、敷網及び定置網以外のもの ○　陸岸にひき寄せる網具を使用して行う漁業	地びき網
			○　敷網を使用して行う漁業であってさんま棒受網以外のもの	張り網、四つ手網、棒受網（あじ、さば等）、込ませ網、あんこう網、（沖縄式）追込み網
			○　その他	建干し網、建切り網、たもすくい（さば）、すくい網、投網
釣漁業	はえ縄	まぐろはえ縄	遠洋まぐろはえ縄	総トン数120トン（昭和57年7月17日以前に建造され、又は建造に着手されたものにあっては、80トン。以下釣漁業の項において同じ。）以上の動力漁船により、浮きはえ縄を使用してまぐろ、かじき又はさめをとることを目的とする漁業（指定漁業）	
			近海まぐろはえ縄	総トン数10トン（我が国の排他的経済水域、領海及び内水並びに我が国の排他的経済水域によって囲まれた海域から成る海域（東京都小笠原村南鳥島に係る排他的経済水域及び領海を除く。）にあっては、総トン数20トン）以上120トン未満の動力漁船により、浮きはえ縄を使用してまぐろ、かじき又はさめをとることを目的とする漁業（指定漁業）	
			沿岸まぐろはえ縄	浮きはえ縄を使用してまぐろ、かじき又はさめをとることを目的とする漁業であって遠洋まぐろはえ縄及び近海まぐろはえ縄以外のもの（我が国の排他的経済水域、領海及び内水並びに我が国の排他的経済水域によって囲まれた海域から成る海域（東京都小笠原村南鳥島に係る排他的経済水域及び領海並びに北海道稚内市宗谷岬突端を通る経線以西、長崎県長崎市野母崎突端を通る緯線以北の日本海の海域を除く。）において総トン数10トン以上20トン未満の動力漁船により行うものは、届出漁業（知事許可等を要するものもある。））	

ア　漁業種類分類の定義（続き）

漁業種類名			定　義	内容例示
はえ縄（つづき）	その他のはえ縄		はえ縄を使用して行うまぐろはえ縄以外の漁業（東シナ海の海域において総トン数10トン以上の動力漁船により行うもの、大西洋又はインド洋の海域において動力漁船により行うもの及び太平洋の公海（我が国又は外国の排他的経済水域を除く。）において動力漁船により行うものは、特定大臣漁業）	まぐろ類以外の魚を目的とする浮きはえ縄、底はえ縄立てはえ縄（立て縄釣は、「その他の釣」）、ふぐはえ縄
釣漁業（はえ縄以外の釣）（つづき）	かつお一本釣	遠洋かつお一本釣	総トン数120トン以上の動力漁船により、釣りによってかつお又はまぐろをとることを目的とする漁業（指定漁業）	
		近海かつお一本釣	総トン数10トン（我が国の排他的経済水域、領海及び内水並びに我が国の排他的経済水域によって囲まれた海域から成る海域（東京都小笠原村南鳥島に係る排他的経済水域及び領海を除く。）にあっては、総トン数20トン）以上120トン未満の動力漁船により、釣りによってかつお又はまぐろをとることを目的とする漁業（指定漁業）	
		沿岸かつお一本釣	釣りによってかつお又はまぐろをとることを目的とする漁業であって遠洋かつお一本釣及び近海かつお一本釣以外のもの	小釣及び五目釣は「その他の釣」
	いか釣	沖合いか釣	総トン数30トン以上の動力漁船により釣りによっていかをとることを目的とする漁業（指定漁業）	
		沿岸いか釣	釣りによっていかをとることを目的とする漁業であって沖合いか釣以外のもの（総トン数５トン以上30トン未満の動力漁船により行うものは、届出漁業（知事許可等を要するものもある。））	
	ひき縄釣		ひき縄を使用して行う漁業（かつお又はまぐろをとることを主たる目的とするものを含む。）	ひき縄、ひき縄釣、ひき釣、けんけん
	その他の釣		はえ縄以外の釣漁業であってかつお一本釣、いか釣及びひき縄釣以外のもの	手釣、竿釣、一本釣、立て縄釣、たる流し釣飼付け漁業、鳥付きこぎ釣漁業、小釣、五目釣、釣具によりさばをとることを目的とする漁業
捕鯨業	小型捕鯨		動力漁船によりもりづつを使用してみんくくじら又は歯くじら（まっこうくじらを除く。）をとる漁業（指定漁業）	
	大型捕鯨		動力漁船によりもりづつを使用してひげくじら（みんくくじらを除く。）又はまっこうくじらをとる漁業（指定漁業）	
	母船式捕鯨		母船式漁業であって、もりづつを使用してくじらをとる漁業で、くじらを捕獲するキャッチボート数隻と、捕獲したくじらを洋上にて解体、鯨肉を生産する大型工船を中心とする船団によって営まれるもの（指定漁業）	

漁 業 種 類 名		定　　　　　義	内 容 例 示
そ の 他 の 漁 業	その他の漁業	前記以外の全ての漁業 ○　採貝・採藻	貝かご、貝突き漁業、見突き漁、腰まき、大まき貝はさみ漁
		○　潜水器を使用して行う漁業	潜水器漁業、簡易潜水器漁業
		○　針に引っかけてとるもの	文鎮こぎ、空釣縄、たこいさり
		○　捕鯨業以外のほこ、もり等で突き刺してとるもの	突きん棒、貝を除く見突き
		○　かぎ、鎌等で引っかけてとるもの	たこかぎ、うなぎ鎌
		○　採藻以外のはさむ、ねじる等の方法によるもの	うなぎはさみ
		○　えり漁業	すだて、羽瀬
		○　うけ、筒、箱又はかごを使用しているもの（採貝を除く。次に掲げる海域以外の日本海の海域においてかごを使用してべにずわいがにをとることを目的とするものは指定漁業、総トン数 10 トン以上の動力漁船によりかごを使用してずわいがにをとることを目的とするもの及び大西洋又はインド洋の海域において動力漁船によりかごを使用して行うものは指定漁業） イ　北緯 41 度 20 分 9 秒の線以北の我が国の排他的経済水域、領海及び内水 ロ　北緯 41 度 20 分 9 秒の線以南、次に掲げる線から成る線以東の日本海の海域 （1）北緯 41 度 20 分 9 秒東経 137 度 59 分 48 秒の点から北緯 40 度 30 分 9 秒東経 137 度 59 分 48 秒の点に至る直線 （2）北緯 40 度 30 分 9 秒東経 137 度 59 分 48 秒の点から北緯 37 度 30 分 10 秒東経 134 度 59 分 50 秒の点に至る直線 （3）北緯 37 度 30 分 10 秒東経 134 度 59 分 50 秒の点から北緯 37 度 30 分 10 秒東経 133 度 59 分 50 秒の点に至る直線 （4）北緯 37 度 30 分 10 秒以南の東経 133 度 59 分 50 秒の線	たこつぼ、かにかご、あなご筒
		○　木、竹、わら等を海中に敷設しているもの	柴浸け、いか巣びき、さんま手づかみ（釣具、ひき縄等を使用する場合は、該当する漁業種類に分類する。）

イ　魚種分類の定義

魚　種　分　類			定　義　等　（標準和名＜通称・地方名＞）
魚 類	ま ぐ ろ 類	くろまぐろ	くろまぐろ＜ほんまぐろ＞、めじ、よこわ
		みなみまぐろ	みなみまぐろ＜いんどまぐろ＞
		びんなが	びんなが＜びんちょう、とんぼ＞
		めばち	めばち＜だるま＞
		きはだ	きはだ＜きめじ＞
		その他のまぐろ類	こしなが〔前記以外のまぐろ属及び分類不能のまぐろ属〕（いそまぐろは、その他の魚類）
	か じ き 類	まかじき	まかじき
		めかじき	めかじき
		くろかじき類	くろかじき＜くろかわ＞、しろかじき＜しろかわ＞、〔くろかじき属〕
		その他のかじき類	ばしょうかじき、ふうらいかじき〔前記以外のまかじき科〕
	か つ お 類	かつお	かつお
		そうだがつお類	ひらそうだ、まるそうだ〔そうだがつお属〕
	さめ類		よしきりざめ、あぶらつのざめ、ほしざめ、しろざめ等（さかたざめは、えい類）
	さ け す ・ 類 ま	さけ類	さけ＜しろざけ＞、べにざけ＜べにます＞、ぎんざけ、ますのすけ＜キングサーモン＞
		ます類	からふとます＜せっぱり＞、さくらます＜ままます、おおめます＞
	このしろ		このしろ＜こはだ＞
	にしん		にしん
	い わ し 類	まいわし	まいわし
		うるめいわし	うるめいわし
		かたくちいわし	かたくちいわし＜せぐろ＞
		しらす	いわし類の稚仔（＝ちし）魚であって、35ミリメートル以下程度のもの（混獲されたいわし類以外の稚仔魚を含む。）
	あ じ 類	まあじ	まあじ
		むろあじ類	むろあじ、まるあじ、おおあかむろ、もろ、くさやむろ〔むろあじ属〕
	さば類		まさば＜ひらさば＞、ごまさば＜まるさば＞〔さば属〕
	さんま		さんま
	ぶり類		ぶり＜はまち、わかし、いなだ、わらさ、つばす、ふくらぎ＞、ひらまさ、かんぱち〔ぶり属〕

注：　〔　〕は、綱、目、科、属を示し、当該綱、目、科、属に含まれる全ての魚種を含む。種名で示したものは、
　　　当該魚種に限る。

魚　種　分　類			定　義　等　（標　準　和　名　＜通　称・地　方　名＞）
魚　　類　　（　続　　き　　）	ひらめ・かれい類	ひらめ		ひらめ
		かれい類		ひらめを除くかれい目の魚（まがれい、さめがれい、やなぎむしがれい、あかがれい、まこがれい、あぶらがれい、そうはちがれい、めいたがれい、いしがれい、こがねがれい、おひょう、ひれぐろ（なめたがれい）等）
			うしのした類	あかしたびらめ、ささうしのした等〔うしのした科、ささうしのした科〕
	たら類	まだら		まだら
		すけとうだら		すけとうだら＜すけそう＞
	ほっけ			ほっけ〔ほっけ属〕
	きちじ			きちじ＜きんき、きんきん＞〔きちじ属〕
	はたはた			はたはた
	にぎす類			にぎす、かごしまにぎす
	あなご類			まあなご、くろあなご〔くろあなご属〕
	たちうお			たちうお
	たい類	まだい		まだい
		ちだい		ちだい＜はなだい、ちこだい＞〔ちだい属〕
		きだい		きだい＜れんこだい＞〔きだい属〕
		くろだい		くろだい＜ちぬ、かいず＞、きちぬ＜きびれ＞〔くろだい属〕
		へだい		へだい〔へだい属〕
	いさき			いさき（しまいさき、やがたいさき等は、その他の魚類）
	さわら類			さわら、うしさわら＜おきさわら＞、よこしまさわら、かますさわら〔さわら属、かますさわら属〕 （バラクーダ（遠洋底びき網のおきさわら）は、その他の魚類）
	すずき類			すずき＜せいご、ふっこ＞、ひらすずき〔すずき属〕
	いかなご			いかなご＜こうなご、めろうど＞
	あまだい類			しろあまだい、あかあまだい＜ぐじ＞、きあまだい〔あまだい属〕
	ふぐ類			とらふぐ、まふぐ、からす、ひがんふぐ、しょうさいふぐ、さばふぐ〔とらふぐ属、さばふぐ属〕
	その他の魚類			前記のいずれにも分類されない魚類（めぬけ類、にべ・ぐち類、えそ類、いぼだい、はも、えい類、しいら類、とびうお類、ぼら類、ほうぼう類、あんこう類、きんめだい類、こち類、さより類、おにおこぜ類、めばる類、きす類、はぎ類、かながしら類等）
		にべ・ぐち類		にべ、こいち、しろぐち＜いしもち＞、くろぐち、ふうせい、きぐち〔にべ科〕
		えい類		あかえい、がんぎえい、さかたざめ（えい目）

イ　魚種分類の定義（続き）

魚　種　分　類			定　義　等（標準和名＜通称・地方名＞）
え び 類	いせえび		いせえび
	くるまえび		くるまえび
	その他のえび類		前記のいずれにも分類されないえび類（ほっこくあかえび、こうらいえび＜大正えび＞、ぼたんえび等）
か に 類	ずわいがに		ずわいがに＜まつばがに、えちぜんがに＞（まるずわいがには、その他のかに類）
	べにずわいがに		べにずわいがに
	がざみ類		がざみ、ひらつめがに、たいわんがざみ、じゃのめがざみ〔わたりがに科〕
	その他のかに類		前記のいずれにも分類されないかに類（たらばがに、けがに、はなさきがに、まるずわいがに、いばらがに、あさひがに、あぶらがに等）
おきあみ類			なんきょくおきあみを除くおきあみ類〔おきあみ属〕
貝 類	あわび類		くろあわび、えぞあわび、まだか、めがい（とこぶしは、その他の貝類）
	さざえ		さざえ
	あさり類		あさり、ひめあさり〔あさり属〕
	ほたてがい		ほたてがい
	その他の貝類		前記以外のいずれにも分類されない貝類（はまぐり類、うばがい（ほっきがい）、つぶ、ばい、ばかがい、とりがい、あかがい、いたやがい、とこぶし等）
		さるぼう（もがい）	さるぼう（もがい）
		たいらぎ	たいらぎ
		あげまきがい	あげまきがい
い か 類	するめいか		するめいか
	あかいか		あかいか＜むらさきいか、ばかいか＞（けんさきいかは、その他のいか類）、あめりかおおあかいか
	その他のいか類		前記のいずれにも分類されないいか類（こういか類（こういか、しりやけいか、かみなりいか＜もんごういか＞、こぶしめ〔こういか科〕）、やりいか、けんさきいか、そでいか、あおりいか、ほたるいか、ニュージーランドするめいか、まついか等）
たこ類			まだこ、みずだこ、いいだこ〔まだこ科〕
なまこ類			まなまこ（あかなまこ、あおなまこ、くろなまこ）、きんこ〔なまこ綱〕
うに類			ばふんうに、えぞばふんうに、むらさきうに、きたむらさきうに、あかうに〔うに綱〕
海産ほ乳類			いるか類及びくじら類（捕鯨業により捕獲されたものを除く。）
その他の水産動物類			前記のいずれにも分類されない水産動物類（なんきょくおきあみ、しゃこ、さんご、餌むし等）

魚　種　分　類		定　義　等　（標　準　和　名　＜通　称・地　方　名＞）
海藻類	こんぶ類	まこんぶ、ながこんぶ、みついしこんぶ、りしりこんぶ〔こんぶ属〕
	その他の海藻類	前記のいずれにも分類されない海藻類（わかめ類（わかめ、ひろめ、あおわかめ〔わかめ属〕）、ひじき、てんぐさ類（まくさ、ひらくさ、おにくさ、ゆいきり＜とりのあし＞〔てんぐさ科〕）、ふのり類、あまのり類、とさかのり、おごのり、あらめ、かじめ等）

(3) 海面養殖業収穫統計調査に用いる分類の定義

ア 養殖方法分類の定義

養 殖 方 法	定 義	内 容 例 示
築堤式	入江、湾等の海面を堤防で区切って養殖を行うもの	魚類、くるまえび等の養殖に用いられる。
網仕切式	入江、湾等の海面を網で仕切るか又は一定の海面を網で囲んで養殖を行うもの	魚類、くるまえび等の養殖に用いられる。
小割式	海面にいけす網、いけす箱等を浮かべるか又は中層に懸垂して養殖を行うもの	魚類、たこ類等の養殖に用いられる。
いかだ式	いかだに種苗を付着させた貝がら、ロープ等を直接垂下するもの及び種苗を入れたかご又は網袋を垂下して養殖を行うもの	かき類、ほたてがい、あわび類、わかめ類等の養殖に用いられる。なお、わかめ類養殖等でみられる3〜4mの間隔で浮き竹をロープでつないだものも、いかだ式に含める。
垂下式	海底に丸太、竹等の杭を立て、これに木、竹等を渡し、種苗を付着させた貝がら、ロープ等を直接垂下するもの及び種苗を入れたかご又は網袋を垂下して養殖を行うもの	かき類、ほたてがい等の養殖に用いられる。
はえ縄式	樽、合成樹脂製浮子等を使用して、海面に縄を張り、これに種苗を付着させた貝がら、ロープ等を直接垂下するもの及び種苗を入れたかご又は網袋を垂下して養殖を行うもの	かき類、ほたてがい、真珠、わかめ類等の養殖に用いられる。
地まき式	海底に種苗をまいて養殖を行うもの	かき類養殖に用いられる。
網ひび式	網ひびに種苗を付着させて養殖を行うもので、支柱式と浮き流し式がある。	のり類養殖に用いられる。
支柱式	海底に支柱を立て、これに網ひびを所定の高さに張り養殖を行うもの	
浮き流し式	海面に浮かせた枠に網ひびを張り養殖を行うもの	地方により「ベタ流し」、「沖流し」とも呼ばれる。なお、「浮上いかだ式」を含む。
そだひび式	そだ（＝切り取った竹や木の枝）に種苗を付着させて養殖を行うもの	かき類養殖に用いられる。
コンクリート水槽式	陸上のコンクリート水槽に、動力で海水を揚水し、曝気（＝ばっき）装置を設け、海水の流れを図り養殖を行うもの	魚類、くるまえび等の養殖に用いられる。
その他	前記以外の養殖方法で行うもの	

イ　養殖魚種分類の定義

養　殖　魚　種			定　義　等　（標　準　和　名）
魚類	ぎんざけ		ぎんざけ
	ぶり類	ぶり	ぶり
		かんぱち	かんぱち
		その他のぶり類	前記のいずれにも分類されないぶり類（ひらまさ等）
	まあじ		まあじ
	しまあじ		しまあじ
	まだい		まだい
	ひらめ		ひらめ
	ふぐ類		とらふぐ、まふぐ〔とらふぐ属〕
	くろまぐろ		くろまぐろ
	その他の魚類		前記のいずれにも分類されない魚類（ちだい、くろだい、かわはぎ等）
貝類	ほたてがい		ほたてがい
	かき類		まがき、いたぼがき、すみのえがき、いわがき〔いたぼがき科〕
	その他の貝類		前記のいずれにも分類されない貝類（いたやがい、ひおうぎがい等）
くるまえび			くるまえび
ほや類			まぼや、あかぼや
その他の水産動物類			前記のいずれにも分類されない水産動物類（がざみ類、うに類、いせえび、餌むし等）
海藻類	こんぶ類		まこんぶ、ながこんぶ、みついしこんぶ、りしりこんぶ〔こんぶ属〕
	わかめ類		わかめ、ひろめ
	のり類		すさびのり、あさくさのり〔あまのり属〕、ひとえぐさ〔あおさ属〕、すじあおのり〔あおのり属〕
	もずく類		もずく、おきなわもずく、ふともずく
	その他の海藻類		前記のいずれにも分類されない海藻類（まつも等）
真珠			真珠（海水産の真珠母貝により生産されるもの）

イ 養殖魚種分類の定義（続き）

養 殖 魚 種		定 義 等（標 準 和 名）
種苗	ぶり類種苗	ふ化の翌年の5月31日までのもののうちもじゃこを除いたもの及びふ化の翌年の6月1日からその翌年の5月31日までのもの
	まだい種苗　稚魚	天然種苗並びに人工的に採卵し、ふ化させ、及び飼育した人工種苗
	まだい種苗　1・2年魚	ふ化の翌年の5月31日までのもののうち稚魚を除いたもの及びふ化の翌年の6月1日からその翌年の5月31日までのもの
	ひらめ種苗	ひらめ種苗
	真珠母貝	あこやがい、まべがい、くろちょうがい等
	ほたてがい種苗	ほたてがい種苗
	かき類種苗	かき類種苗
	くるまえび種苗	くるまえび種苗
	わかめ類種苗	わかめ類種苗
	のり類の種苗　網ひび	のりの殻胞子を付着させた網（種網）
	のり類の種苗　貝がら	のりの果胞子が貝がらに穿入（＝せんにゅう）し、糸状体となったもの

ウ のり類の製品形態区分

製 品 形 態 区 分		内 容 例 示
板のり	くろのり	あさくさのり、すざびのり、うっぷるいのり等（以下「くろのり」という。）を板のりにしたもので、あおのりが混じっていないもの
	まぜのり	くろのりにあおのり（「あおさ」及び「ひとえぐさ」をいう。）以下同じ。）が混ざっているものを板のりにしたもの
	あおのり	あおのりを板のりにしたもの
ばらのり（干重量）		つくだに等の加工用とするため乾燥した「のり」で板のりとしないもの。一般にあおのりが多く用いられている。
その他（生重量）		前記のいずれにも区分されないもの

注： 生のり（湿潤のままの「のり」）で販売されたもので、その後「板のり」及び「ばらのり」に加工されることが判明した場合は、加工後のそれぞれの製品形態区分に換算して計上する。不明の場合は、「その他」に計上する。

（4）　内水面漁業生産統計調査に用いる分類の定義

ア　内水面漁業魚種分類

魚種分類			該当する魚種名等
魚類	さけ・ます類	さけ類	しろざけ（「ときしらず」、「あきざけ」と称する地方もある。）、ぎんざけ、ますのすけ等
		からふとます	からふとます（「せっぱります」と称する地方もある。）
		さくらます	さくらます（「ます」、「ほんます」、「まます」と称する地方もある。）
		その他のさけ・ます類	ひめます（べにざけの陸封性）、にじます、ブラウントラウト、やまめ（さくらますの陸封性、「やまべ」と称する地方もある。）、いわな、おしょろこま、かわます、ごぎ、えぞいわな、びわます（あまご）、いわめ、いとう等
	わかさぎ		わかさぎ
	あゆ		あゆ
	しらうお		しらうお
	こい		こい
	ふな		ふな（きんぶな、ぎんぶな、げんごろうぶな、かわちぶな等）
	うぐい・おいかわ		うぐい、まるた、おいかわ（「やまべ」、「はや」、「はえ」と称する地方もある。）
	うなぎ		うなぎ
	はぜ類		まはぜ、ひめはぜ、うろはぜ、ちちぶはぜ、じゃこはぜ、あしじろはぜ、ごくらくはぜ、どんこ、かわあなご、いさざ、しろうお、よしのぼり、びりんご、ちちぶ、うきごり等
	その他の魚類		上記以外の魚類（どじょう、ふくどじょう、あじめどじょう、しまどじょう、ぼら、めなだ、かじか、なまず、もろこ、にごい、ししゃも、らいぎょ、そうぎょ等）
貝類	しじみ		やまとしじみ、ましじみ、せたしじみ等
	その他の貝類		しじみ以外の貝類
その他の水産動植物類	えび類		すじえび、てながえび、ぬかえび等（ざりがにを除く。）
	その他の水産動植物類		上記以外の水産動植物類（さざあみ、やつめうなぎ、かに、藻類等）

イ　内水面養殖業魚種分類

魚種分類			該当する魚種名等
魚類	ます類	にじます	にじます、ドナルドソン
		その他のます類	やまめ、あまご、いわな等
	あゆ		あゆ
	こい		こい
	うなぎ		うなぎ
	にしきごい		にしきごい

ウ　3湖沼漁業魚種分類

(ア)　琵琶湖

魚種分類			該当する魚種名等
魚 類	わかさぎ		わかさぎ
	ます		びわます
	こあゆ		こあゆ（ひうお（こあゆの稚魚）を含む。）
	こい		こい
	ふな	にごろぶな	にごろぶな
		その他	にごろぶな以外のふな
	うぐい・おいかわ		うぐい・おいかわ
	うなぎ		うなぎ
	はぜ類	いさざ	いさざ（はぜ類）
		その他	いさざ以外のはぜ類
	もろこ類	ほんもろこ	もろこ（ほんもろこ）
		その他	もろこ（ほんもろこ）以外のもろこ類（すごもろこ、でめもろこ等を含む。）
	はす		はす
	その他の魚類		前記以外のいずれにも分類されない魚種
貝類	しじみ		せたしじみ
	その他の貝類		前記以外のいずれにも分類されない貝類
その他の水産動物類	えび類		すじえび、てながえび
	その他の水産動物類		前記以外のいずれにも分類されない水産動物類

(イ)　霞ヶ浦及び北浦

魚種分類		該当する魚種名等
魚 類	わかさぎ	わかさぎ
	しらうお	しらうお
	こい	こい
	ふな	ふな
	うなぎ	うなぎ
	はぜ類	まはぜ、ひめはぜ
	ぼら類	ぼら、めなだ
	その他の魚類	前記以外のいずれにも分類されない魚種（たなご類、さより、どじょう類、すずき、ひがい、れんぎょ、そうぎょ、らいぎょ、ブラックバス等）
貝類	しじみ	やまとしじみ
	その他の貝類	前記以外のいずれにも分類されない貝類（からすがい（たんがい）、いけちょうがい）
その他の水産動物類	えび類	すじえび、てながえび
	その他の水産動物類	前記以外のいずれにも分類されない水産動物類

エ　3 湖沼漁業種類分類

(ア)　琵琶湖

漁業種類分類	定　　義
底びき網	小型動力船で底びき網又は貝けた網を使用して行う漁業（沖びき網、貝びき網等）
敷網	四方形の敷網又はさで網を使用して行う漁業（四つ手網、追いさで網（あゆをとることを目的として、さで網を使用し鵜竿（＝うざお）等で威嚇して魚を追い込む漁業））
刺網	刺網を使用して行う漁業（荒目小糸網、細目小糸網）
定置網	第2種共同漁業権により定められた一定の場所に漁網を定置して、あるいは竹す又は網でえりを設置して行う漁業（落とし網、えり）及び河川を横断して杭を打ち竹すでやなを敷設して川をせき止めて魚をとる漁業（やな）
採貝	手がき漁具を使用して貝をとる漁業
かご類	竹で編んだ円筒形の巣かごや網で編んだもんどり及びたつべ（竹で編んだかご）を使用する漁業
あゆ沖すくい	小型動力漁船で船首にすくい網を固定し、あゆをすくいとることを目的とする漁業
投網	人力によって網を投げて魚をとる漁業
その他の漁業	上記以外の漁業

(イ)　霞ヶ浦及び北浦

漁業種類分類	定　　義
底びき網	底びき網を使用して行う漁業（わかさぎ・しらうおびき網、帆びき網、いさざごろびき網）
刺網	刺網を使用して行う漁業
定置網	漁具を定置して行う漁業
採貝	貝類をとることを目的とする漁業
その他の漁業	上記以外の漁業

オ　3 湖沼養殖業魚種分類

魚種分類			該当する魚種名等
食用	さけ・ます類	にじます	にじます
		その他のさけ・ます類	にじます以外のさけ・ます類
	あゆ		あゆ
	こい		こい
	うなぎ		うなぎ
	その他		前記のいずれにも分類されない魚類
真珠			真珠（淡水産の真珠母貝により生産されるもの）
種苗	卵	ます類	ます類の卵
	稚魚	ます類	ます類の稚魚
		あゆ	あゆの稚魚
		こい	こいの稚魚
	その他の種苗		前記のいずれにも分類されない種苗

(5)　内水面漁業・養殖業の調査対象河川・湖沼一覧（主要113河川24湖沼）

調査対象河川

No	河川名	都道府県名
1	知来別川	北海道
2	頓別川	北海道
3	北見幌別川	北海道
4	徳志別川	北海道
5	幌内川	北海道
6	渚滑川	北海道
7	網走川	北海道
8	止別川	北海道
9	斜里川	北海道
10	奥蘂別川	北海道
11	遠音別川	北海道
12	常呂川	北海道
13	伊茶仁川	北海道
14	標津川	北海道
15	西別川	北海道
16	風蓮川	北海道
17	別当賀川	北海道
18	釧路川	北海道
19	十勝川	北海道
20	静内川	北海道
21	沙流川	北海道
22	白老川	北海道
23	敷生川	北海道
24	遊楽部川	北海道
25	天塩川	北海道
26	石狩川	北海道
27	後志利別川	北海道
28	高瀬川	青森
29	奥入瀬川	青森
30	馬淵川	青森・岩手
31	新井田川	青森・岩手
32	野辺地川	青森
33	岩木川	青森
34	有家川	岩手
35	久慈川	岩手
36	安家川	岩手
37	小本川	岩手
38	摂待川	岩手
39	田代川	岩手
40	閉伊川	岩手
41	津軽石川	岩手
42	織笠川	岩手
43	大槌川	岩手
44	片岸川	岩手
45	吉浜川	岩手
46	盛川	岩手
47	気仙川	岩手
48	北上川	岩手・宮城
49	大川	宮城
50	小泉川	宮城
51	鳴瀬川	宮城
52	阿武隈川	宮城・福島
53	雄物川	秋田
54	月光川	山形
55	最上川	山形
56	赤川	山形
57	阿賀野川	福島・新潟
58	久慈川	福島・茨城
59	請戸川	福島
60	熊川	福島
61	木戸川	福島
62	夏井川	福島
63	那珂川	茨城・栃木
64	利根川	茨城・栃木・群馬・埼玉・千葉・東京
65	荒川	埼玉・東京
66	江戸川	埼玉・千葉・東京
67	多摩川	東京・神奈川・山梨
68	相模川	神奈川・山梨
69	三面川	新潟
70	信濃川	新潟・長野
71	黒部川	富山
72	神通川	富山・岐阜
73	庄川	富山・岐阜
74	手取川	石川
75	九頭竜川	福井・岐阜
76	天竜川	長野・静岡・愛知
77	木曽川	長野・岐阜・愛知・三重
78	長良川	岐阜・三重
79	揖斐川	岐阜・三重
80	矢作川	長野・岐阜・愛知
81	安倍川・藁科川	静岡
82	豊川	愛知
83	宮川	三重
84	淀川	三重・滋賀・京都・大阪・奈良
85	熊野川	三重・奈良・和歌山
86	由良川	京都
87	円山川	兵庫
88	揖保川	兵庫
89	紀の川	奈良・和歌山
90	有田川	和歌山
91	日高川	和歌山
92	千代川	鳥取
93	日野川	鳥取・島根
94	江の川	島根・広島
95	高津川	島根
96	吉井川	岡山
97	高梁川	岡山・広島
98	番川	岡山・広島
99	太田川	広島
100	錦川	山口
101	吉野川	徳島・愛媛・高知
102	勝浦川	徳島
103	仁淀川	愛媛・高知
104	肱川	愛媛
105	四万十川	愛媛・高知
106	筑後川	福岡・佐賀・熊本・大分
107	菊池川	熊本
108	緑川	熊本
109	球磨川	熊本
110	大分川	大分
111	大野川	大分
112	一ッ瀬川	宮崎
113	大淀川	熊本・宮崎・鹿児島

調査対象湖沼

No	湖沼名	都道府県名
1	クッチャロ湖	北海道
2	網走湖	北海道
3	十三湖	青森
4	小川原湖	青森
5	十和田湖	青森・秋田
6	八郎湖	秋田
7	猪苗代湖	福島
8	涸沼	茨城
9	※霞ヶ浦	茨城
10	※北浦（外浪逆浦を含む）	茨城
11	中禅寺湖	栃木
12	印旛沼	千葉
13	手賀沼	千葉
14	芦ノ湖	神奈川
15	山中湖	山梨
16	河口湖	山梨
17	西湖	山梨
18	諏訪湖	長野
19	※琵琶湖	滋賀
20	湖山池	鳥取
21	東郷池	鳥取
22	宍道湖	島根
23	神西湖	島根
24	児島湖	岡山

※3湖沼調査の対象湖沼

（6）漁業・養殖業水域別生産統計の世界水域区分図

図中の〇付数字は、国際連合食糧農業機関（ＦＡＯ）の水域区分番号である。

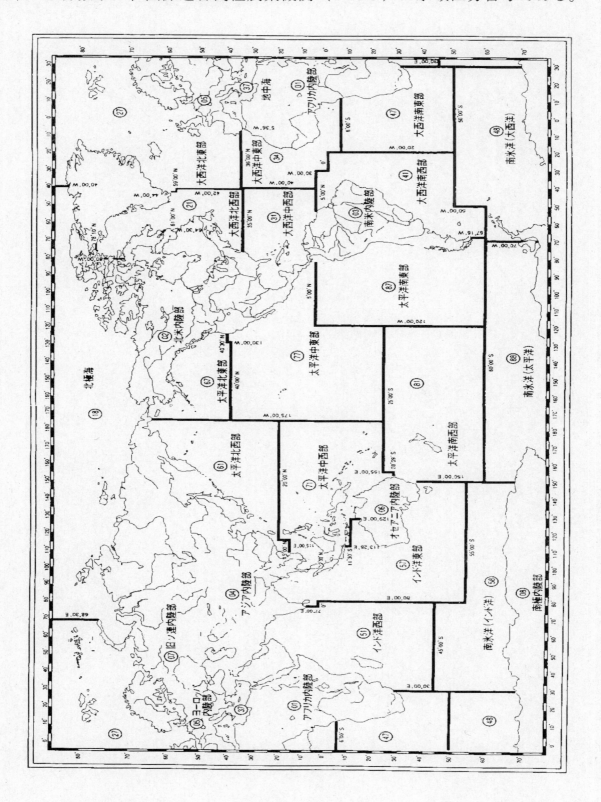

I　調査結果の概要

1 漁業・養殖業生産量

　令和元年の我が国の漁業・養殖業の生産量は419万6,639 t で、前年に比べ22万4,404 t （5.1%）
減少した。
　このうち、海面漁業の漁獲量は322万8,428 t で、前年に比べ13万938 t （3.9%）減少した。
　これを部門別にみると、遠洋漁業は32万8,834 t で、前年に比べ2万554 t （5.9%）減少、沖合
漁業は197万79 t で、前年に比べ7万1,509 t （3.5%）減少、沿岸漁業は92万9,515 t で、前年に
比べ3万8,875 t （4.0%）減少した。
　また、海面養殖業の収獲量は91万5,228 t で、前年に比べ8万9,643 t （8.9%）減少した。
　内水面漁業・養殖業の生産量は5万2,983 t で、前年に比べ3,823 t （6.7%）減少した。

図1　漁業・養殖業生産量の推移

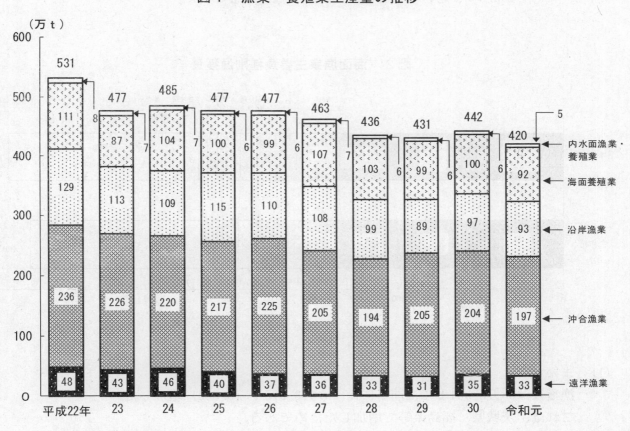

注：表示単位で四捨五入しているため、合計値と内訳が一致しない場合がある（以下同じ。）。

2 海面漁業

海面漁業の漁獲量は322万8,428 t で、前年に比べ13万938 t （3.9%）減少した。

東日本大震災で漁船や漁港施設に甚大な被害を受けた岩手県の漁獲量は9万2,774 t であり、前年に比べて2,687 t （3.0%）増加、宮城県の漁獲量は19万5,460 t であり、前年に比べて1万722 t （5.8%）増加した。

また、福島県の漁獲量は6万9,415 t であり、前年に比べて1万9,382 t （38.7%）増加した。

主要魚種別漁獲量

海面漁業の魚種のうち、漁獲量が前年に比べて増加した主な魚種は、ほたてがい、まいわし、すけとうだら、かたくちいわし、ぶり類、まだらであり、減少した主な魚種は、さば類、さんま、さけ類、まあじ、かつおであった。

この結果、海面漁業の漁獲量に占める主要魚種の割合は、まいわしが17.2%、さば類が14.0%、ほたてがいが10.5%、かつおが7.1%、すけとうだらが4.8%、かたくちいわしが4.0%、ぶり類が3.4%、まあじが3.0%、さけ類が1.7%、まだらが1.7%となった。

図2　海面漁業主要魚種別漁獲量

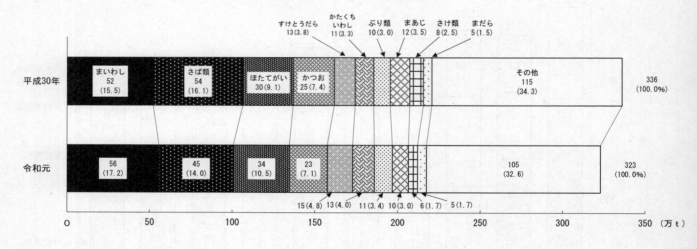

(1) まいわし

　　漁獲量は55万6,351 t で、前年に比べ3万3,975 t （6.5%）増加した。

　　これは、茨城県、福島県等で増加したためである。

(2) さば類

　　漁獲量は45万441 t で、前年に比べ9万1,534 t （16.9%）減少した。

　　これは、茨城県、長崎県等で減少したためである。

(3) ほたてがい

　　漁獲量は33万9,435 t で、前年に比べ3万4,668 t （11.4%）増加した。

　　これは、漁獲量のほとんどを占める北海道で増加したためである。

(4) かつお

　　漁獲量は22万8,949 t で、前年に比べ 1 万8,767 t （7.6％）減少した。

　　これは、静岡県、高知県等で減少したためである。

(5) すけとうだら

　　漁獲量は15万4,002 t で、前年に比べて 2 万6,505 t （20.8％）増加した。

　　これは、北海道等で増加したためである。

(6) かたくちいわし

　　漁獲量は13万69 t で、前年に比べ 1 万8,843 t （16.9％）増加した。

　　これは、長崎県、三重県等で増加したためである。

(7) ぶり類

　　漁獲量は10万8,957 t で、前年に比べ8,994 t （9.0％）増加した。

　　これは、岩手県、北海道等で増加したためである。

(8) まあじ

　　漁獲量は 9 万7,078 t で、前年に比べ 2 万673 t （17.6％）減少した。

　　これは、島根県、長崎県等で減少したためである。

(9) さけ類

　　漁獲量は 5 万6,438 t で、前年に比べ 2 万7,514 t （32.8％）減少した。

　　これは、北海道、岩手県等で減少したためである。

(10) まだら

　　漁獲量は 5 万3,477 t で、前年に比べて2,813 t （5.6％）増加した。

　　これは、北海道等で増加したためである。

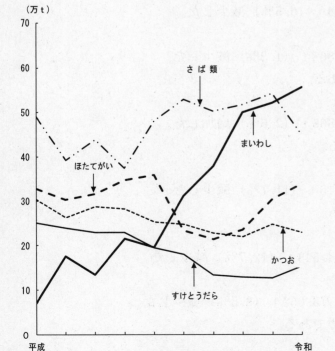

図 3　海面漁業主要魚種別漁獲量の推移
（上位 1 位～ 5 位）

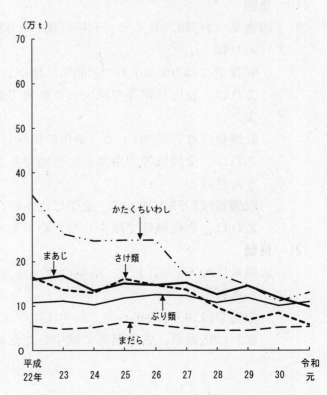

図 4　海面漁業主要魚種別漁獲量の推移
（上位 6 位～10 位）

3 海面養殖業

海面養殖業の収獲量は91万5,228 t で、前年に比べ8万9,643 t（8.9%）減少した。

これは、のり類、ほたてがい等が減少したためである。

東日本大震災の影響で養殖施設に甚大な被害を受けた岩手県の収獲量は2万9,570 t、宮城県の収獲量は7万5,268 t であり、岩手県は前年に比べて6,932 t（19.0%）減少し、宮城県は前年に比べて5,905 t（7.3%）減少した。

海面養殖業の魚種のうち、収獲量が前年に比べて増加した主な魚種は、くろまぐろ、まだい、ほや類であり、減少した主な魚種は、のり類、ほたてがい、かき類等であった。

この結果、海面養殖業の収獲量に占める主要魚種の割合は、のり類が27.5%、かき類が17.7%、ほたてがいが15.8%、ぶり類が14.9%、まだいが6.8%、わかめ類が4.9%となった。

図5 海面養殖業主要魚種別収獲量

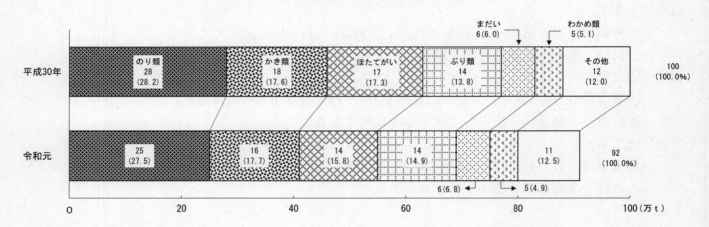

(1) 魚類

収獲量は24万8,137 t で、前年に比べ1,354 t（0.5%）減少した。

ア ぶり類

収獲量は13万6,367 t で、前年に比べ1,862 t（1.3%）減少した。

これは、鹿児島県等で減少したためである。

イ まだい

収獲量は6万2,301 t で、前年に比べ1,565 t（2.6%）増加した。

これは、愛媛県等で増加したためである。

ウ ぎんざけ

収獲量は1万5,938 t で、前年に比べ2,115 t（11.7%）減少した。

これは、宮城県等で減少したためである。

(2) 貝類

収獲量は30万6,561 t で、前年に比べ4万4,543 t（12.7%）減少した。

ア かき類

収獲量は16万1,646 t で、前年に比べ1万5,052 t（8.5%）減少した。

これは広島県、宮城県等で減少したためである。

イ　ほたてがい

　　収獲量は14万4,466ｔで、前年に比べ2万9,493ｔ（17.0％）減少した。

　　これは、北海道で減少したためである。

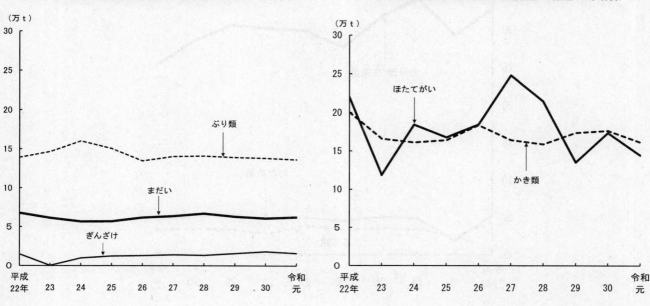

| 図6　海面養殖業魚種別収獲量の推移（魚類） | 図7　海面養殖業魚種別収獲量の推移（貝類） |

（3）　海藻類

　　収獲量は34万6,389ｔで、前年に比べ4万4,258ｔ（11.3％）減少した。

ア　のり類（生重量）

　　収獲量は25万1,362ｔで、前年に比べ3万2,326ｔ（11.4％）減少した。

　　これは、兵庫県、香川県等で減少したためである。

イ　わかめ類

　　収獲量は4万5,099ｔで、前年に比べ5,676ｔ（11.2％）減少した。

　　これは、岩手県等で減少したためである。

ウ　こんぶ類

　　収獲量は3万2,812ｔで、前年に比べ720ｔ（2.1％）減少した。

　　これは、北海道、岩手県等で減少したためである。

図8　海面養殖業魚種別収獲量の推移（海藻類）

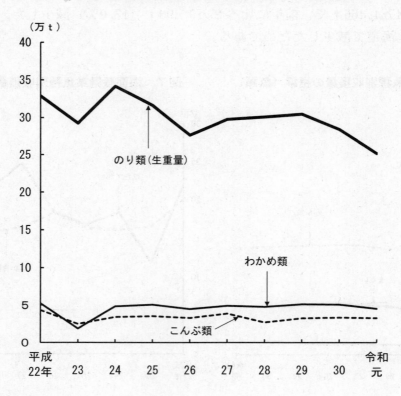

（万 t）

のり類（生重量）

わかめ類

こんぶ類

平成
22年　23　24　25　26　27　28　29　30　令和元

4　内水面漁業

　　内水面漁業（全国の主要113河川及び24湖沼）の漁獲量は2万1,767 t で、前年に比べ5,190 t（19.3%）減少した。

（1）　河川・湖沼別漁獲量

　　　河川における漁獲量は9,938 t で、前年に比べ1,050 t（9.6%）減少した。

　　　また、湖沼における漁獲量は1万1,829 t で、前年に比べ4,140 t（25.9%）減少した。

（2）　主要魚種別漁獲量

　ア　しじみ

　　　漁獲量は9,520 t で、前年に比べ126 t（1.3%）減少した。

　イ　さけ類

　　　漁獲量は6,240 t で、前年に比べ456 t（6.8%）減少した。

　　　これは、岩手県、青森県等で減少したためである。

　ウ　あゆ

　　　漁獲量は2,053 t で、前年に比べ87 t（4.1%）減少した。

　エ　わかさぎ

　　　漁獲量は981 t で、前年に比べ165 t（14.4%）減少した。

　　　これは、秋田県等で減少したためである。

　オ　しらうお

　　　漁獲量は565 t で、前年に比べ103 t（22.3%）増加した。

　　　これは、島根県等で増加したためである。

図9　内水面漁業主要魚種別漁獲量

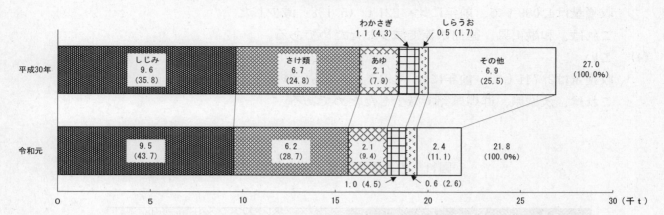

注：その他が大きく減少しているのは、前年まで調査対象であった一部の湖沼が、平成30年９月１日より
　　漁業法第84条第１項に定める海面に指定され、調査対象外となったことによるもの。

図10　内水面漁業主要魚種別漁獲量の推移

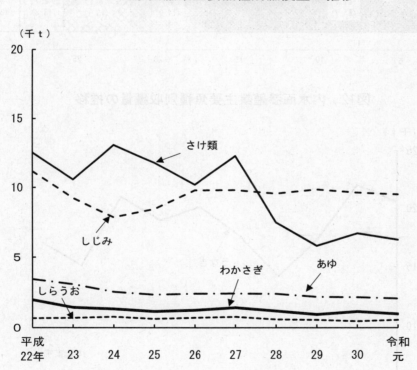

5　内水面養殖業

　　内水面養殖業の収獲量は３万1,216ｔで、前年に比べ1,367ｔ（4.6％）増加した。

（1）　うなぎ

　　　収獲量は１万7,071ｔで、前年に比べ1,960ｔ（13.0％）増加した。

　　　これは、愛知県、鹿児島県等で増加したためである。

（2）　にじます

　　　収獲量は4,651ｔで、前年に比べ81ｔ（1.7％）減少した。

(3) あゆ

収獲量は4,089tで、前年に比べ221t（5.1%）減少した。

これは、和歌山県、徳島県等で減少したためである。

(4) こい

収獲量は2,741tで、前年に比べ191t（6.5%）減少した。

これは、茨城県、群馬県等で減少したためである。

図11　内水面養殖業主要魚種別収獲量

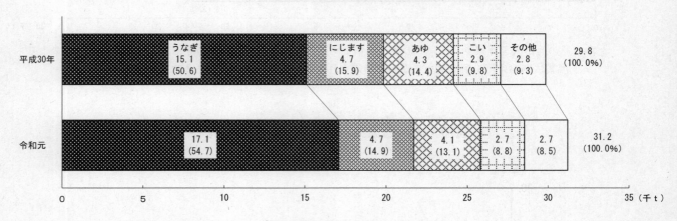

図12　内水面養殖業主要魚種別収獲量の推移

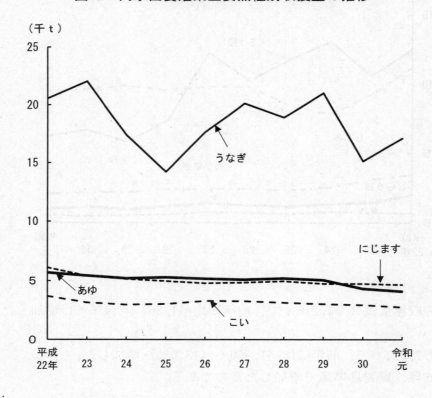

　なお、令和元年調査から調査対象項目に追加された観賞魚販売量について、にしきごいの販売量は276万4,141尾であった。

II 統計表

〔総括表〕

44 総括表

漁業・養殖業部門別生産量

年次	総生産量	海面				
		計	漁業			
			小計	遠洋	沖合	沿岸
生産量	t	t	t	t	t	t
平成21年 (1)	5,432,011	5,349,447	4,147,374	442,917	2,411,008	1,293,449
22 (2)	5,312,687	5,233,440	4,122,102	480,074	2,356,340	1,285,688
23 (3)	4,765,972	4,692,819	3,824,099	430,788	2,264,265	1,129,046
24 (4)	4,853,093	4,786,267	3,746,763	458,334	2,198,085	1,090,345
25 (5)	4,773,695	4,712,564	3,715,467	395,767	2,169,126	1,150,574
26 (6)	4,765,353	4,700,879	3,713,240	368,785	2,246,251	1,098,203
27 (7)	4,630,706	4,561,453	3,492,436	358,173	2,053,190	1,081,073
28 (8)	4,359,240	4,296,105	3,263,568	333,861	1,936,115	993,593
29 (9)	4,306,129	4,244,076	3,258,020	313,734	2,051,479	892,807
30 (10)	4,421,043	4,364,237	3,359,366	349,388	2,041,588	968,390
令和元 (11)	4,196,639	4,143,656	3,228,428	328,834	1,970,079	929,515
対前年増減率(%)						
平成21年 (12)	△ 2.9	△ 3.1	△ 5.2	△ 6.5	△ 6.6	△ 1.9
22 (13)	△ 2.2	△ 2.2	△ 0.6	8.4	△ 2.3	△ 0.6
23 (14)	△ 10.3	△ 10.3	△ 7.2	△ 10.3	△ 3.9	△ 12.2
24 (15)	1.8	2.0	△ 2.0	6.4	△ 2.9	3.4
25 (16)	△ 1.6	△ 1.5	△ 0.8	13.7	△ 1.3	5.5
26 (17)	△ 0.2	△ 0.2	△ 0.1	△ 6.8	3.6	△ 4.6
27 (18)	△ 2.8	△ 3.0	△ 5.9	△ 2.9	△ 8.6	△ 1.6
28 (19)	△ 5.9	△ 5.8	△ 6.6	△ 6.8	△ 5.7	△ 8.1
29 (20)	△ 1.2	△ 1.2	△ 0.2	△ 6.0	6.0	△ 10.1
30 (21)	2.7	2.8	3.1	11.4	△ 0.5	8.5
令和元 (22)	△ 5.1	△ 5.1	△ 3.9	△ 5.9	△ 3.5	△ 4.0
構成比(%)						
平成21年 (23)	100.0	98.5	76.3	8.2	44.4	23.8
22 (24)	100.0	98.5	77.6	9.0	44.4	24.2
23 (25)	100.0	98.5	80.2	9.0	47.5	23.7
24 (26)	100.0	98.6	77.2	9.4	45.3	22.5
25 (27)	100.0	98.7	77.8	8.3	45.4	24.1
26 (28)	100.0	98.6	77.9	7.7	47.1	23.0
27 (29)	100.0	98.5	75.4	7.7	44.3	23.3
28 (30)	100.0	98.6	74.9	7.7	44.4	22.8
29 (31)	100.0	98.6	75.7	7.3	47.6	20.7
30 (32)	100.0	98.7	76.0	7.9	46.2	21.9
令和元 (33)	100.0	98.7	76.9	7.8	46.9	22.2

注: 1 部門別設定基準については、「利用者のために」12の(1)参照。
　　2 内水面漁業漁獲量については、平成21年～25年までは主要108河川24湖沼、平成26年～30年までは主要112河川24湖沼、令和元年は主要113河川24湖沼
　　　の値である。
　　3 捕鯨業については、調査捕鯨による捕獲頭数を含んでいない。
　　4 平成23年の海面漁業・養殖業の生産量については、東日本大震災の影響により、岩手県、宮城県及び福島県においてデータを消失した調査対象があり、
　　　消失したデータは含まない数値である。

| 養殖業 | 内 水 面 | | | 捕鯨業 | |
	計	漁 業	養殖業	捕 獲 実頭数	
t	t	t	t	頭	
1, 202, 072	82, 565	41, 638	40, 927	89	(1)
1, 111, 338	79, 247	39, 844	39, 403	77	(2)
868, 720	73, 153	34, 260	38, 893	61	(3)
1, 039, 504	66, 826	32, 869	33, 957	87	(4)
997, 097	61, 131	30, 635	30, 496	73	(5)
987, 639	64, 474	30, 603	33, 871	76	(6)
1, 069, 017	69, 253	32, 917	36, 336	77	(7)
1, 032, 537	63, 135	27, 937	35, 198	66	(8)
986, 056	62, 054	25, 215	36, 839	30	(9)
1, 004, 871	56, 806	26, 957	29, 849	55	(10)
915, 228	52, 983	21, 767	31, 216	86	(11)
4. 9	13. 7	27. 6	2. 3	6. 0	(12)
△ 7. 5	△ 4. 0	△ 4. 3	△ 3. 7	△ 13. 5	(13)
△ 21. 8	△ 7. 7	△ 14. 0	△ 1. 3	△ 20. 8	(14)
19. 7	△ 8. 6	△ 4. 1	△ 12. 7	42. 6	(15)
△ 4. 1	△ 8. 5	△ 6. 8	△ 10. 2	△ 16. 1	(16)
△ 0. 9	5. 5	△ 0. 1	11. 1	4. 1	(17)
8. 2	7. 4	7. 6	7. 3	1. 3	(18)
△ 3. 4	△ 8. 8	△ 15. 1	△ 3. 1	△ 14. 3	(19)
△ 4. 5	△ 1. 7	△ 9. 7	4. 7	△ 54. 5	(20)
1. 9	△ 8. 5	6. 9	△ 19. 0	83. 3	(21)
△ 8. 9	△ 6. 7	△ 19. 3	4. 6	56. 4	(22)
22. 1	1. 5	0. 8	0. 8	…	(23)
20. 9	1. 5	0. 7	0. 7	…	(24)
18. 2	1. 5	0. 7	0. 8	…	(25)
21. 4	1. 4	0. 7	0. 7	…	(26)
20. 9	1. 3	0. 6	0. 6	…	(27)
20. 7	1. 4	0. 6	0. 7	…	(28)
23. 1	1. 5	0. 7	0. 8	…	(29)
23. 7	1. 4	0. 6	0. 8	…	(30)
22. 9	1. 4	0. 6	0. 9	…	(31)
22. 7	1. 3	0. 6	0. 7	…	(32)
21. 8	1. 3	0. 5	0. 7	…	(33)

〔海面漁業の部〕

1　全国統計
(1)　年次別統計（平成21年～令和元年）
ア　漁業種類別漁獲量

年　　次	計	網						
		底　　び　　き　　網				船びき網	ま　　　き	
		遠　洋 底びき網	以　西 底びき網	1)沖合 底びき網	小型底びき網		大　中　型　ま	
							1　そ　う　ま　き	
							遠洋かつお・まぐろまき網	2)その他
平成 21年 (1)	4,147,374	49,314	6,727	361,463	453,040	191,467	207,184	524,879
22 (2)	4,122,102	69,384	5,467	346,556	456,474	240,720	209,912	593,440
23 (3)	3,824,099	52,549	5,815	315,461	423,550	178,136	184,210	522,283
24 (4)	3,746,763	52,194	5,061	307,789	428,354	195,869	221,134	523,211
25 (5)	3,715,467	30,071	3,846	308,861	455,882	213,354	193,802	533,725
26 (6)	3,713,240	18,558	3,341	266,140	455,797	211,113	192,402	608,480
27 (7)	3,492,436	11,731	3,841	247,364	328,320	206,507	190,239	666,707
28 (8)	3,263,568	9,990	3,610	212,510	301,620	206,790	185,087	645,330
29 (9)	3,258,020	9,466	x	207,498	317,378	177,002	175,647	780,090
30 (10)	3,359,366	8,078	x	214,566	382,650	170,902	205,783	692,826
令和 元 (11)	3,228,428	7,595	3,740	250,223	418,082	169,524	201,530	734,315

年　　次	網　漁　業（　続　き　）		その他の 網漁業	釣				は
	定　置　網（　続　き　）			は　　　え　　　縄				は
	さけ定置網	小型定置網		ま　ぐ　ろ　は　え　縄			その他の はえ縄	か　つ
				遠洋まぐろ はえ縄	近海まぐろ はえ縄	沿岸まぐろ はえ縄		遠洋かつお 一本釣
平成 21年 (1)	160,378	134,454	41,000	99,606	52,219	8,159	32,349	53,646
22 (2)	146,608	130,383	48,134	111,620	51,281	6,527	30,506	65,376
23 (3)	139,989	121,732	41,148	105,843	42,042	5,463	27,639	67,889
24 (4)	123,112	103,596	42,034	108,183	46,700	5,881	27,276	62,673
25 (5)	142,488	95,326	45,898	98,893	42,354	6,258	28,439	65,344
26 (6)	117,365	84,558	35,464	93,791	44,229	4,775	28,775	57,614
27 (7)	116,638	80,563	36,750	93,757	47,373	5,532	29,092	54,817
28 (8)	88,560	83,048	46,323	78,982	42,100	5,093	26,306	51,734
29 (9)	59,076	73,005	49,595	73,672	42,757	5,403	23,969	47,860
30 (10)	76,510	90,160	47,512	74,247	38,426	4,427	21,896	54,808
令和 元 (11)	62,004	81,893	52,160	68,730	39,875	4,442	23,613	45,183

注:　平成23年は、東日本大震災の影響により、岩手県、宮城県及び福島県においてデータを消失した調査対象があり、消失したデータは含まない
数値である。
　　令和元年調査から、以下の漁業種類分類の見直しを行った。
1)は、「沖合底びき網1そうびき」、「沖合底びき網2そうびき」を統合し、「沖合底びき網」とした。
2)は、「大中型まき網1そうまき近海かつお・まぐろ」、「大中型まき網1そうまきその他」を統合し、「大中型まき網1そうまきその他」
とした。
3)は、「遠洋いか釣」、「近海いか釣」を統合し、「沖合いか釣」とした。
4)は、「採貝・採藻」、「その他の漁業」を統合し、「その他の漁業」とした。

単位:t

網		刺　　網			敷　網	定　置　網	
き　網 / 2そうまき網	中・小型まき網	さけ・ます流し網	かじき等流し網	その他の刺網	さんま棒受網	大型定置網	
72,413	414,757	8,436	5,305	192,509	306,610	243,179	(1)
59,238	410,874	10,397	5,006	181,020	205,798	260,089	(2)
61,522	469,707	7,268	2,298	165,041	213,953	210,970	(3)
56,158	427,500	7,944	3,664	147,960	218,900	203,403	(4)
54,300	426,672	6,960	3,819	161,625	149,066	236,109	(5)
42,410	429,430	7,948	4,064	153,332	228,294	233,631	(6)
28,012	470,996	x	4,083	143,420	116,040	241,169	(7)
39,827	461,027	x	3,870	119,107	114,027	211,674	(8)
37,936	464,150	1,273	4,140	121,339	84,040	194,236	(9)
52,492	426,726	813	4,052	123,659	128,947	235,124	(10)
38,597	361,551	732	3,978	127,616	45,529	225,866	(11)

漁　　　　業　　　　以　　　　外　　　　の　　　　釣						その他	
え　　縄　一　本　釣		い　　か　　釣				4)その他の漁業	
近海かつお一本釣	沿岸かつお一本釣	3)沖合いか釣	沿岸いか釣	ひき縄釣	その他の釣		
40,669	11,094	83,050	91,418	22,915	43,805	235,329	(1)
42,974	10,384	59,928	82,336	22,613	39,704	219,354	(2)
39,143	12,002	56,835	93,270	18,174	37,657	202,511	(3)
36,288	12,712	41,402	77,079	18,096	35,204	207,387	(4)
41,034	15,913	36,211	79,308	16,242	33,729	189,937	(5)
31,472	11,085	x	69,557	15,573	33,256	x	(6)
31,733	10,746	x	56,440	15,284	31,311	194,448	(7)
29,464	11,080	x	35,149	13,401	31,636	179,453	(8)
28,530	12,774	x	34,341	12,724	29,183	163,520	(9)
30,333	16,166	x	27,467	13,663	27,730	170,483	(10)
23,248	11,756	10,449	21,253	12,977	27,693	154,273	(11)

1　全国統計（続き）
(1)　年次別統計（平成21年～令和元年）（続き）
イ　魚種別漁獲量

年次	合計	計	小計	くろまぐろ	みなみまぐろ	びんなが	めばち	きはだ	その他のまぐろ類
				ま	ぐ	ろ	類		
平成 21年　(1)	4,147,374	3,172,934	207,436	17,524	2,357	65,034	56,971	64,412	1,138
22　(2)	4,122,102	3,165,325	208,059	10,361	2,852	52,853	54,911	86,117	965
23　(3)	3,824,099	2,919,758	201,203	15,492	2,678	59,317	53,764	69,037	915
24　(4)	3,746,763	2,903,524	208,172	8,635	2,953	75,496	54,342	66,007	739
25　(5)	3,715,467	2,854,031	188,036	8,570	2,747	70,110	51,157	54,539	913
26　(6)	3,713,240	2,871,402	189,705	11,272	3,539	61,503	55,209	57,438	744
27　(7)	3,492,436	2,809,906	189,972	7,628	4,353	52,440	53,222	71,274	1,053
28　(8)	3,263,568	2,686,086	168,475	9,750	4,605	42,809	39,363	70,872	1,076
29　(9)	3,258,020	2,690,005	169,149	9,786	4,072	46,220	38,683	69,453	936
30　(10)	3,359,366	2,738,782	165,185	7,884	5,293	42,369	36,581	72,216	842
令和 元　(11)	3,228,428	2,591,485	161,020	10,236	5,969	30,329	33,740	79,977	769

年次	小計	さけ類	ます類	このしろ	にしん	小計	まいわし	うるめいわし	かたくちいわし
	さ　け　・　ま　す　類					い　わ　し			
平成 21年　(1)	224,204	205,742	18,462	6,737	3,374	509,967	57,429	53,642	341,934
22　(2)	179,530	164,616	14,915	6,585	3,208	542,234	70,159	49,549	350,683
23　(3)	147,570	136,638	10,932	6,888	3,705	570,118	175,781	84,659	261,594
24　(4)	134,404	128,502	5,902	6,260	4,479	526,513	135,236	80,657	244,738
25　(5)	169,858	160,902	8,956	6,548	4,510	610,940	215,004	89,350	247,427
26　(6)	151,320	146,641	4,678	5,239	4,608	579,160	195,726	74,851	248,069
27　(7)	139,972	135,876	4,096	4,047	4,732	642,365	311,054	97,794	168,745
28　(8)	111,849	96,360	15,489	4,283	7,686	710,367	378,142	97,871	171,173
29　(9)	71,857	68,605	3,252	5,434	9,316	768,556	500,015	71,971	145,715
30　(10)	95,473	83,952	11,521	4,923	12,386	738,925	522,376	54,815	111,226
令和 元　(11)	60,330	56,438	3,891	4,935	14,862	806,926	556,351	60,622	130,069

年次	かれい類	小計	まだら	すけとうだら	ほっけ	きちじ	はたはた	にぎす類	あなご類
	ひらめ・かれい類（続き）	た　　ら　　類							
平成 21年　(1)	51,097	274,919	47,659	227,261	119,325	1,462	9,752	4,357	5,959
22　(2)	49,032	305,772	54,606	251,166	84,497	1,185	8,822	4,027	5,371
23　(3)	48,818	286,177	47,257	238,920	62,583	1,089	7,604	3,490	4,374
24　(4)	46,824	280,580	50,757	229,823	68,762	1,262	8,828	3,743	4,609
25　(5)	45,857	292,813	63,236	229,577	52,718	1,045	7,030	3,176	4,503
26　(6)	44,346	252,026	57,106	194,920	28,447	986	6,553	2,968	4,011
27　(7)	41,078	230,226	49,877	180,349	17,183	1,104	8,722	3,252	3,854
28　(8)	43,236	178,247	44,011	134,236	17,393	1,043	7,256	3,098	3,606
29　(9)	47,301	173,539	44,269	129,269	17,777	1,022	6,458	2,832	3,422
30　(10)	41,250	178,161	50,664	127,497	33,669	1,158	4,716	2,761	3,489
令和 元　(11)	41,361	207,478	53,477	154,002	34,050	908	5,364	2,530	3,329

注：　平成23年は、東日本大震災の影響により、岩手県、宮城県及び福島県においてデータを消失した調査対象があり、消失したデータは含まない数値である。
　　　令和元年調査から、以下の魚種分類の見直しを行った。
　　1)は、「ちだい・きだい」を細分化し、「ちだい」、「きだい」とした。
　　2)は、「くろだい・へだい」を細分化し、「くろだい」、「へだい」とした。

単位：t

類									
か　じ　き　類					か　つ　お　類			さめ類	
小　計	まかじき	めかじき	くろかじき類	その他のかじき類	小　計	かつお	そうだがつお類		
16,235	2,309	8,517	4,119	1,290	293,644	268,525	25,119	37,818	(1)
18,448	2,825	8,854	5,027	1,741	331,417	302,851	28,567	38,209	(2)
16,516	2,859	7,951	4,494	1,212	281,844	262,135	19,708	28,339	(3)
16,993	3,186	8,646	3,907	1,255	314,971	287,777	27,195	34,718	(4)
15,701	2,763	7,958	3,858	1,122	300,441	281,735	18,706	29,716	(5)
14,884	2,057	8,313	3,334	1,180	266,141	253,027	13,114	33,298	(6)
14,954	2,224	8,632	3,238	860	264,255	248,314	15,941	33,349	(7)
14,479	1,963	8,309	3,372	836	240,051	227,946	12,106	30,950	(8)
13,100	1,764	7,815	2,806	714	226,865	218,977	7,888	32,374	(9)
12,303	1,704	7,515	2,492	592	259,833	247,716	12,117	31,828	(10)
10,874	1,960	5,793	2,447	674	237,434	228,949	8,485	23,524	(11)

類	（　続　き　）								
類	あ　じ　類			さば類	さんま	ぶり類	ひらめ・かれい類		
しらす	小　計	まあじ	むろあじ類				小　計	ひらめ	
56,962	192,122	165,166	26,956	470,904	310,744	78,334	58,315	7,218	(1)
71,843	184,505	159,440	25,065	491,813	207,488	106,890	56,733	7,701	(2)
48,084	193,474	168,417	25,057	392,506	215,353	110,917	55,471	6,653	(3)
65,882	158,009	134,014	23,994	438,269	221,470	101,842	52,881	6,057	(4)
59,160	175,090	150,884	24,206	374,954	149,853	117,175	53,366	7,509	(5)
60,515	162,248	145,767	16,481	481,783	228,647	125,153	52,257	7,911	(6)
64,772	166,544	151,706	14,837	529,977	116,243	122,641	48,984	7,906	(7)
63,180	152,524	125,419	27,105	502,651	113,828	106,756	50,280	7,043	(8)
50,855	164,731	145,215	19,515	517,602	83,803	117,761	54,385	7,084	(9)
50,509	135,142	117,751	17,392	541,975	128,929	99,963	47,814	6,564	(10)
59,883	113,870	97,078	16,792	450,441	45,778	108,957	48,284	6,923	(11)

類	（　続　き　）								
たちうお	た　　い　　類						いさき	さわら類	
	小　計	まだい	1）ちだい	1）きだい	2）くろだい	2）へだい			
11,891	25,900	15,743	…	…	…	…	4,986	13,925	(1)
10,081	24,963	14,965	…	…	…	…	3,826	14,241	(2)
9,734	27,938	17,330	…	…	…	…	4,323	12,720	(3)
9,125	25,803	15,399	…	…	…	…	4,184	12,864	(4)
8,388	23,403	14,155	…	…	…	…	4,496	16,486	(5)
8,253	25,349	14,640	…	…	…	…	3,736	18,522	(6)
6,953	24,872	14,978	…	…	…	…	4,149	19,867	(7)
7,188	24,526	15,151	…	…	…	…	3,938	20,134	(8)
6,331	24,764	15,343	…	…	…	…	3,796	15,201	(9)
6,493	25,323	16,075	…	…	…	…	3,988	15,924	(10)
6,375	25,098	15,962	2,204	4,026	2,406	500	3,359	15,862	(11)

1　全国統計（続き）
(1)　年次別統計（平成21年～令和元年）（続き）
　　　イ　魚種別漁獲量（続き）

年　　次	魚　　類（　続　　き　　）					え　　び　　類			
	すずき類	いかなご	あまだい類	ふぐ類	その他の魚類	計	いせえび	くるまえび	その他のえび類
平成 21年　(1)	8,950	32,753	1,421	4,184	243,317	19,957	1,335	584	18,038
22　(2)	8,968	70,757	1,267	4,954	241,475	18,569	1,193	551	16,825
23　(3)	8,412	44,748	1,223	6,286	215,152	19,425	1,120	558	17,746
24　(4)	8,518	36,589	1,226	5,803	212,644	16,009	1,215	492	14,302
25　(5)	7,801	38,212	1,094	4,841	191,839	17,303	1,186	440	15,677
26　(6)	8,065	33,813	1,131	4,828	178,269	16,253	1,297	377	14,579
27　(7)	7,157	29,219	1,132	4,885	169,295	15,862	1,199	334	14,329
28　(8)	7,429	20,586	1,226	4,979	171,258	16,717	1,119	354	15,244
29　(9)	6,626	12,180	1,177	4,420	175,527	16,703	1,075	322	15,306
30　(10)	5,870	14,786	1,140	4,947	161,677	14,645	1,187	355	13,103
令和 元　(11)	5,936	11,447	1,214	4,960	176,336	12,980	1,118	327	11,535

年　　次	貝　　類（　続　　き　　）			い　　　か　　　類				たこ類	3)なまこ類
	あさり類	ほたてがい	その他の貝類	計	するめいか	あかいか	その他のいか類		
平成 21年　(1)	31,655	319,638	40,141	295,837	218,658	35,993	41,186	45,723	…
22　(2)	27,185	327,087	44,341	266,701	199,832	22,326	44,544	41,667	…
23　(3)	28,793	302,990	39,648	298,379	242,262	14,489	41,628	35,186	…
24　(4)	27,300	315,387	37,839	215,556	168,207	5,454	41,895	33,640	…
25　(5)	23,049	347,541	36,810	227,681	180,089	3,607	43,985	33,700	…
26　(6)	19,449	358,982	34,008	209,820	172,688	3,274	33,858	34,573	…
27　(7)	13,810	233,885	36,509	167,122	128,838	2,923	35,361	32,568	…
28　(8)	8,967	213,710	35,626	109,968	70,197	3,589	36,182	36,975	…
29　(9)	7,072	235,952	33,914	103,414	63,734	4,334	35,346	35,473	…
30　(10)	7,736	304,767	31,562	83,591	47,712	4,952	30,927	36,161	…
令和 元　(11)	7,976	339,435	32,604	72,974	39,587	6,972	26,415	35,175	6,611

注：　平成23年は、東日本大震災の影響により、岩手県、宮城県及び福島県においてデータを消失した調査対象があり、消失したデータは含まない
　　　数値である。
　　　3)は、「その他の水産動物類」から、「なまこ類」を分離した。

単位:t

	か	に	類		おきあみ類	貝	類		
計	ずわいがに	べにずわいがに	がざみ類	その他の かに類		計	あわび類	さざえ	
32,184	4,717	20,312	2,319	4,836	29,984	400,845	1,855	7,556	(1)
31,717	4,809	19,227	2,665	5,017	40,502	407,155	1,461	7,082	(2)
30,144	4,439	18,135	2,680	4,889	3,168	378,916	1,259	6,227	(3)
29,770	4,353	17,782	2,750	4,884	18,855	387,282	1,266	5,490	(4)
29,509	4,181	17,389	2,783	5,156	26,234	414,444	1,395	5,650	(5)
29,633	4,348	17,605	2,325	5,356	16,705	420,035	1,363	6,234	(6)
28,774	4,412	16,899	2,120	5,343	26,662	291,605	1,302	6,098	(7)
28,359	4,153	16,093	2,160	5,952	16,500	265,693	1,136	6,253	(8)
25,738	3,995	15,149	2,232	4,361	13,756	283,985	964	6,083	(9)
23,998	4,075	14,093	2,211	3,619	13,698	350,385	909	5,411	(10)
22,512	3,512	13,210	2,217	3,573	20,335	386,257	829	5,413	(11)

うに類	海産ほ乳類	その他の 水産動物類	海 藻 類			
			計	こんぶ類	その他の 海藻類	
11,061	1,404	33,343	104,103	80,115	23,988	(1)
10,218	932	42,084	97,231	74,052	23,179	(2)
7,881	562	42,901	87,779	61,339	26,440	(3)
8,251	481	34,881	98,513	73,068	25,446	(4)
8,210	620	19,237	84,498	56,944	27,554	(5)
8,053	622	14,543	91,600	66,752	24,849	(6)
8,562	582	16,707	94,084	71,619	22,465	(7)
7,944	509	14,095	80,721	58,041	22,680	(8)
7,612	567	10,800	69,969	45,506	24,463	(9)
7,629	344	11,234	78,899	55,877	23,022	(10)
7,906	466	4,887	66,841	46,543	20,297	(11)

1　全国統計（続き）
(1)　年次別統計（平成21年～令和元年）（続き）
（参考）
ア　捕鯨業
(ｱ)　小型捕鯨業

年　　次	捕鯨船隻数	[1)鯨　種　別　捕　獲　頭　数					
		計	みんくくじら	つちくじら	ごんどうくじら	しゃち	その他
	隻	頭	頭	頭	頭	頭	頭
平成 21年	5	89	-	67	22	-	-
22	5	77	-	66	10	-	1
23	5	61	-	61	-	-	-
24	5	87	-	71	16	-	-
25	5	73	-	62	10	-	1
26	5	76	-	70	3	-	3
27	5	77	-	57	20	-	-
28	5	66	-	61	5	-	-
29	5	30	-	28	2	-	-
30	5	55	-	53	2	-	-
令和　元	5	86	33	47	6	-	-

注：捕鯨業によって捕獲されたくじらの捕獲頭数を掲載した。
　　1)は、流失鯨を含む。

イ　南極海鯨類捕獲調査

年　　次	母船隻数（船団）	捕鯨船隻数	乗組員数	鯨　　種　　別　　捕　　獲　　頭　　数				
				計	ながすくじら	いわしくじら	まっこうくじら	くろみんくくじら
	隻	隻	人	頭	頭	頭	頭	頭
平成 21年	(1)	(2)	(195)	(680)	(1)	-	-	(679)
22	(1)	(3)	(186)	(507)	(1)	-	-	(506)
23	(1)	(3)	(184)	(172)	(2)	-	-	(170)
24	(1)	(3)	(164)	(267)	(1)	-	-	(266)
25	(1)	(3)	(156)	(103)	(0)	-	-	(103)
26	(1)	(3)	(186)	(251)	(0)	-	-	(251)
27	-	-	-	-	-	-	-	-
28	(1)	(3)	(160)	(333)	-	-	-	(333)
29	(1)	(3)	(156)	(333)	-	-	-	(333)
30	(1)	(3)	(159)	(333)	-	-	-	(333)
1)令和　元	(1)	(3)	(163)	(333)	-	-	-	(333)

注：この統計表の数値は、国際捕鯨委員会（ＩＷＣ）に提出する科学データを得るための調査捕獲の結果であるため、（　）を付した。
　　「－」：捕獲枠のないもの
　　「(0)」：捕獲枠はあるが、捕獲していないもの
　　1)は、平成30年11月～平成31年3月までの調査分である。

（イ）　母船式捕鯨業

年　次	母船隻数 （船団）	1)鯨　種　別　捕　獲　頭　数				
		計	いわしくじら	にたりくじら	みんくくじら	その他
	隻	頭	頭	頭	頭	頭
平成 21年	…	…	…	…	…	…
22	…	…	…	…	…	…
23	…	…	…	…	…	…
24	…	…	…	…	…	…
25	…	…	…	…	…	…
26	…	…	…	…	…	…
27	…	…	…	…	…	…
28	…	…	…	…	…	…
29	…	…	…	…	…	…
30	…	…	…	…	…	…
令和 元	1	223	25	187	11	-

注：捕鯨業によって捕獲されたくじらの捕獲頭数を掲載した。
　　1)は、流失鯨を含む。

ウ　北西太平洋鯨類捕獲調査

年　次	母船隻数 （船団）	捕鯨船隻数	乗組員数	鯨　種　別　捕　獲　頭　数				
				計	いわしくじら	にたりくじら	まっこう くじら	みんくくじら
	隻	隻	人	頭	頭	頭	頭	頭
平成 21年	(1)	1)	(7)	(187)	(313)	(100)	(50)	(1)	(162)
22	(1)	1)	(7)	(195)	(272)	(100)	(50)	(3)	(119)
23	(1)	1)	(7)	(186)	(272)	(95)	(50)	(1)	(126)
24	(1)	1)	(7)	(196)	(319)	(100)	(34)	(3)	(182)
25	(1)	1)	(7)	(196)	(224)	(100)	(28)	(1)	(95)
26	(1)	1)	(7)	(201)	(196)	(90)	(25)	-	(81)
27	(1)	1)	(7)	(208)	(185)	(90)	(25)	-	(70)
28	(1)	1)	(7)	(188)	(152)	(90)	(25)	-	(37)
29	(1)	2)	(8)	(205)	(262)	(134)	-	-	(128)
30	(1)	2)	(8)	(259)	(304)	(134)	-	-	(170)
令和 元	-	2)	(5)	(30)	(79)	-	-	-	(79)

注：この統計表の数値は、国際捕鯨委員会（ＩＷＣ）に提出する科学データを得るための調査捕獲の結果であるため、（ ）を付した。
　　（平成6年から北西太平洋におけるみんくくじらの捕獲調査を実施している。）
　　1)は、沿岸での小型捕鯨船4隻を含む。
　　2)は、沿岸での小型捕鯨船5隻を含む。

1 全国統計（続き）
(2) 漁業種類別・魚種別漁獲量

漁 業 種 類	合 計	魚				
		計	ま		ぐ	
			小 計	くろまぐろ	みなみまぐろ	びんなが
計 (1)	3,228,428	2,591,485	161,020	10,236	5,969	30,329
遠 洋 底 び き 網 (2)	7,595	7,595	–	–	–	–
以 西 底 び き 網 (3)	3,740	3,489	–	–	–	–
1)沖 合 底 び き 網 (4)	250,223	226,412	–	–	–	–
小 型 底 び き 網 (5)	418,082	42,952	0	–	–	–
船 び き 網 (6)	169,524	148,595	0	0	–	0
大中型 1 そうまき遠洋かつお・まぐろまき網 (7)	201,530	201,530	51,354	–	–	1
2)大 中 型 1 そうまき網その他 (8)	734,315	732,353	7,883	4,272	–	770
2 そ う ま き 網 (9)	38,597	38,535	0	0	–	0
中 ・ 小 型 ま き 網 (10)	361,551	361,071	762	4	–	274
さ け ・ ま す 流 し 網 (11)	732	732	–	–	–	–
か じ き 等 流 し 網 (12)	3,978	3,978	72	59	–	9
そ の 他 の 刺 網 (13)	127,616	116,945	3	2	–	0
さ ん ま 棒 受 網 (14)	45,529	45,529	–	–	–	–
定 置 網大 型 定 置 網 (15)	225,866	219,027	1,176	868	–	25
さ け 定 置 網 (16)	62,004	59,657	5	5	–	–
小 型 定 置 網 (17)	81,893	77,435	186	128	–	2
そ の 他 の 網 漁 業 (18)	52,160	49,526	1	1	–	–
まぐろはえ縄 遠洋まぐろはえ縄 (19)	68,730	68,730	52,823	2,917	5,969	8,329
近海まぐろはえ縄 (20)	39,875	39,875	25,715	430	–	11,090
沿岸まぐろはえ縄 (21)	4,442	4,435	3,433	450	–	658
そ の 他 の は え 縄 (22)	23,613	17,424	136	58	–	30
かつお一本釣 遠洋かつお一本釣 (23)	45,183	45,183	5,154	2	–	4,694
近海かつお一本釣 (24)	23,248	23,248	5,203	0	–	3,662
沿岸かつお一本釣 (25)	11,756	11,756	2,076	11	–	177
い か 釣 3)沖 合 い か 釣 (26)	10,449	–	–	–	–	–
沿 岸 い か 釣 (27)	21,253	12	1	–	–	–
ひ き 縄 釣 (28)	12,977	12,951	3,814	747	–	543
そ の 他 の 釣 (29)	27,693	26,915	1,225	282	–	65
4)そ の 他 の 漁 業 (30)	154,273	5,593	0	0	–	–

注：令和元年調査から、以下の漁業種類分類の見直しを行った。
1)は、「沖合底びき網1そうびき」、「沖合底びき網2そうびき」を統合し、「沖合底びき網」とした。
2)は、「大中型まき網1そうまき近海かつお・まぐろ」、「大中型まき網1そうまきその他」を統合し、
「大中型まき網1そうまきその他」とした。
3)は、「遠洋いか釣」、「近海いか釣」を統合し、「沖合いか釣」とした。
4)は、「採貝・採藻」、「その他の漁業」を統合し、「その他の漁業」とした。

単位：t

	ろ　　　　　　類			か　　　じ　　　き　　　類					
めばち	きはだ	その他のまぐろ類	小　計	まかじき	めかじき	くろかじき類	その他のかじき類	
33,740	79,977	769	10,874	1,960	5,793	2,447	674	(1)
-	-	-	-	-	-	-	-	(2)
-	-	-	-	-	-	-	-	(3)
-	-	-	0	-	0	-	-	(4)
0	-	-	0	0	0	-	0	(5)
-	-	-	-	-	-	-	-	(6)
3,492	47,861	-	-	-	-	-	-	(7)
106	2,735	-	0	0	-	-	-	(8)
-	-	-	-	-	-	-	-	(9)
0	482	2	4	1	1	1	1	(10)
-	-	-	-	-	-	-	-	(11)
1	3	-	499	241	242	16	1	(12)
0	1	0	17	0	0	0	16	(13)
-	-	-	-	-	-	-	-	(14)
0	177	105	183	29	6	44	104	(15)
-	-	-	0	-	0	-	-	(16)
0	31	25	24	3	1	1	19	(17)
-	0	-	0	0	-	-	-	(18)
21,893	13,715	-	5,093	396	3,017	1,242	439	(19)
7,170	7,024	-	3,767	938	1,921	879	28	(20)
298	1,987	40	390	222	54	84	30	(21)
27	20	0	32	29	2	1	0	(22)
273	185	0	-	-	-	-	-	(23)
165	1,344	32	-	-	-	-	-	(24)
118	1,583	187	2	0	0	2	0	(25)
-	-	-	-	-	-	-	-	(26)
1	-	1	6	-	6	-	0	(27)
110	2,070	344	215	32	18	154	11	(28)
85	758	34	209	7	186	6	10	(29)
-	-	-	433	61	339	18	14	(30)

1　全国統計（続き）
（2）　漁業種類別・魚種別漁獲量（続き）

漁　業　種　類		魚					
		かつお類			さめ類	さけ・ます	
		小　計	かつお	そうだがつお類		小　計	さけ類
計	(1)	237,434	228,949	8,485	23,524	60,330	56,438
遠　洋　底　び　き　網	(2)	-	-	-	29	-	-
以　西　底　び　き　網	(3)	-	-	-	6	-	-
1)沖　合　底　び　き　網	(4)	-	-	-	374	0	0
小　型　底　び　き　網	(5)	0	-	0	230	1	1
船　　び　　き　　網	(6)	0	0	0	33	0	0
大中型1そうまき遠洋かつお・まぐろまき網	(7)	150,132	150,132	0	-	-	-
2)大中型1そうまき網その他	(8)	10,188	9,724	464	-	-	-
2　そ　う　ま　き　網	(9)	1	0	1	-	-	-
中　・　小　型　ま　き　網	(10)	1,208	102	1,106	81	0	-
さ　け　・　ま　す　流　し　網	(11)	-	-	-	-	732	162
か　じ　き　等　流　し　網	(12)	97	95	2	3,194	-	-
そ　の　他　の　刺　網	(13)	2	1	2	303	880	617
さ　ん　ま　棒　受　網	(14)	-	-	-	-	-	-
定　置　網　大　型　定　置　網	(15)	3,722	154	3,568	109	2,605	2,432
さ　け　定　置　網	(16)	1	0	1	56	47,442	46,771
小　型　定　置　網	(17)	534	92	442	22	8,154	6,282
そ　の　他　の　網　漁　業	(18)	138	1	137	0	175	166
まぐろはえ縄　遠洋まぐろはえ縄	(19)	92	92	-	7,882	-	-
近海まぐろはえ縄	(20)	5	5	-	10,034	-	-
沿岸まぐろはえ縄	(21)	3	3	0	502	-	-
そ　の　他　の　は　え　縄	(22)	3	3	0	622	34	7
かつお一本釣　遠洋かつお一本釣	(23)	40,021	40,021	1	-	-	-
近海かつお一本釣	(24)	17,726	17,686	40	-	-	-
沿岸かつお一本釣	(25)	9,370	9,343	27	0	-	-
い　か　釣　3)沖　合　い　か　釣	(26)	-	-	-	-	-	-
沿　岸　い　か　釣	(27)	-	-	-	0	-	-
ひ　　き　　縄　　釣	(28)	4,033	1,387	2,646	1	18	-
そ　　の　　他　　の　　釣	(29)	152	106	46	40	288	0
4)そ　の　他　の　漁　業	(30)	3	0	3	3	1	1

単位：t

類 ます類	類（続き）							
	このしろ	にしん	い　　わ　　し　　類					
			小　計	まいわし	うるめいわし	かたくちいわし	しらす	
3,891	4,935	14,862	806,926	556,351	60,622	130,069	59,883	(1)
–	–	–	–	–	–	–	–	(2)
–	–	–	–	–	–	–	–	(3)
0	–	6,190	3	3	–	–	–	(4)
0	97	128	34	27	0	7	–	(5)
0	199	–	132,420	15,767	2	57,623	59,028	(6)
–	–	–	–	–	–	–	–	(7)
–	–	–	400,455	391,774	6,453	2,229	–	(8)
–	–	–	27,617	26,587	383	646	–	(9)
0	2,995	–	146,390	40,582	48,424	57,288	97	(10)
570	–	–	–	–	–	–	–	(11)
–	–	–	–	–	–	–	–	(12)
264	377	2,837	45	39	0	5	0	(13)
–	–	–	0	0	–	–	–	(14)
173	90	212	58,402	49,299	1,349	7,753	1	(15)
671	–	412	71	64	0	7	–	(16)
1,872	414	5,002	6,363	5,295	175	891	2	(17)
8	759	1	34,714	26,608	3,733	3,619	755	(18)
–	–	–	–	–	–	–	–	(19)
–	–	–	–	–	–	–	–	(20)
–	–	–	–	–	–	–	–	(21)
27	–	0	0	0	–	–	–	(22)
–	–	–	–	–	–	–	–	(23)
–	–	–	–	–	–	–	–	(24)
–	–	–	–	–	–	–	–	(25)
–	–	–	–	–	–	–	–	(26)
–	–	–	–	–	–	–	–	(27)
18	–	–	–	–	–	–	–	(28)
287	3	–	107	5	101	1	–	(29)
0	1	80	304	301	2	1	–	(30)

1　全国統計（続き）
（2）　漁業種類別・魚種別漁獲量（続き）

漁　業　種　類	魚					
	あ　じ　類			さば類	さんま	ぶり類
	小　計	まあじ	むろあじ類			
計　　　　　　　　　　　　　　　(1)	113,870	97,078	16,792	450,441	45,778	108,957
遠　洋　底　び　き　網　　(2)	-	-	-	-	-	-
以　西　底　び　き　網　　(3)	78	78	-	-	-	-
1)沖　合　底　び　き　網　　(4)	374	373	1	26	-	5
小　型　底　び　き　網　　(5)	812	694	118	382	-	82
船　　　び　　　き　　　網　　(6)	351	313	37	321	-	96
大中型 1 そうまき遠洋かつお・まぐろまき網　(7)	-	-	-	-	-	-
2)大中型 1 そうまき網その他　(8)	36,080	34,260	1,819	248,742	-	21,333
2　そ　う　ま　き　網　(9)	1,235	1,227	8	4,419	-	4,971
中　・　小　型　ま　き　網　(10)	54,351	41,127	13,223	122,833	0	13,450
さ　け　・　ま　す　流　し　網　(11)	-	-	-	-	-	-
か　じ　き　等　流　し　網　(12)	-	-	-	-	-	0
そ　の　他　の　刺　網　(13)	471	420	51	632	1	2,861
さ　ん　ま　棒　受　網　(14)	-	-	-	0	45,528	-
定　置　網　大　型　定　置　網　(15)	12,076	11,031	1,045	60,276	179	49,594
さ　け　定　置　網　(16)	5	5	-	1,338	0	2,792
小　型　定　置　網　(17)	5,566	5,292	274	3,465	38	6,784
そ　の　他　の　網　漁　業　(18)	546	452	95	6,695	31	770
まぐろはえ縄　遠洋まぐろはえ縄　(19)	-	-	-	-	-	-
近海まぐろはえ縄　(20)	-	-	-	-	-	-
沿岸まぐろはえ縄　(21)	-	-	-	-	-	0
そ　の　他　の　は　え　縄　(22)	12	11	1	26	-	922
かつお一本釣　遠洋かつお一本釣　(23)	-	-	-	-	-	0
近海かつお一本釣　(24)	0	-	0	-	-	1
沿岸かつお一本釣　(25)	1	-	1	-	-	6
い　か　釣 3)沖　合　い　か　釣　(26)	-	-	-	-	-	-
沿　岸　い　か　釣　(27)	0	0	-	0	-	0
ひ　　き　　縄　　釣　(28)	17	16	1	79	-	831
そ　の　他　の　釣　(29)	1,868	1,751	117	1,196	-	4,434
4)そ　の　他　の　漁　業　(30)	27	26	1	11	-	25

単位：t

類（続き）									
ひ ら め・か れ い 類			た　　ら　　類			ほっけ	きちじ	はたはた	
小　計	ひらめ	かれい類	小　計	まだら	すけとうだら				
48,284	6,923	41,361	207,478	53,477	154,002	34,050	908	5,364	(1)
1,489	-	1,489	71	-	71	-	-	-	(2)
63	13	49	-	-	-	-	-	-	(3)
12,515	590	11,925	135,816	24,315	111,502	8,357	482	3,113	(4)
8,280	1,340	6,941	2,093	1,836	257	356	31	1,278	(5)
115	38	76	39	39	1	19	-	11	(6)
-	-	-	-	-	-	-	-	-	(7)
0	0	-	-	-	-	-	-	-	(8)
0	0	0	-	-	-	-	-	-	(9)
2	2	0	-	-	-	915	-	-	(10)
-	-	-	-	-	-	-	-	-	(11)
-	-	-	-	-	-	-	-	-	(12)
17,867	2,676	15,191	54,422	15,732	38,690	9,662	334	146	(13)
-	-	-	-	-	-	-	-	-	(14)
545	386	160	1,072	887	185	539	-	1	(15)
2,325	95	2,230	1,014	470	544	2,572	-	0	(16)
3,944	1,199	2,746	5,044	3,770	1,274	10,985	-	816	(17)
10	7	4	1	1	0	523	-	-	(18)
-	-	-	-	-	-	-	-	-	(19)
-	-	-	-	-	-	-	-	-	(20)
-	-	-	-	-	-	-	-	-	(21)
338	28	310	7,478	6,004	1,473	44	61	-	(22)
-	-	-	-	-	-	-	-	-	(23)
-	-	-	-	-	-	-	-	-	(24)
-	-	-	-	-	-	-	-	-	(25)
-	-	-	-	-	-	-	-	-	(26)
0	0	-	0	0	-	-	-	-	(27)
112	112	0	0	0	-	2	-	-	(28)
487	421	65	308	305	3	46	0	0	(29)
192	15	176	121	117	3	29	0	-	(30)

1　全国統計（続き）
(2)　漁業種類別・魚種別漁獲量（続き）

漁　業　種　類		にぎす類	あなご類	たちうお	魚		
					た		
					小　計	まだい	5)ちだい
計	(1)	2,530	3,329	6,375	25,098	15,962	2,204
遠 洋 底 び き 網	(2)	-	-	-	-	-	-
以 西 底 び き 網	(3)	-	1	15	1,645	264	-
1)沖 合 底 び き 網	(4)	1,358	882	25	1,965	655	217
小 型 底 び き 網	(5)	1,123	859	1,325	5,651	3,673	475
船 び き 網	(6)	25	3	240	6,531	5,240	934
大中型 1 そうまき遠洋かつお・まぐろまき網	(7)	-	-	-	-	-	-
2) 大 中 型 1 そ う ま き 網 そ の 他	(8)	-	-	355	6	6	-
2 そ う ま き 網	(9)	-	-	9	11	2	8
中 ・ 小 型 ま き 網	(10)	18	0	886	694	511	126
さ け ・ ま す 流 し 網	(11)	-	-	-	-	-	-
か じ き 等 流 し 網	(12)	-	-	-	0	0	-
そ の 他 の 刺 網	(13)	0	33	146	2,357	1,454	140
さ ん ま 棒 受 網	(14)						
定 置 網 大 型 定 置 網	(15)	2	9	752	1,712	1,120	167
さ け 定 置 網	(16)	-	0	0	0	0	-
小 型 定 置 網	(17)	0	13	253	1,248	867	39
そ の 他 の 網 漁 業	(18)	0	1	8	40	34	0
まぐろはえ縄 遠洋まぐろはえ縄	(19)	-	-	-	-	-	-
近 海 ま ぐ ろ は え 縄	(20)	-	-	-	-	-	-
沿 岸 ま ぐ ろ は え 縄	(21)	-	-	-	-	-	-
そ の 他 の は え 縄	(22)	-	128	360	1,121	516	44
かつお一本釣 遠洋かつお一本釣	(23)	-	-	-	-	-	-
近 海 か つ お 一 本 釣	(24)	-	-	-	-	-	-
沿 岸 か つ お 一 本 釣	(25)	-	-	-	-	-	-
い か 釣 3) 沖 合 い か 釣	(26)	-	-	-	-	-	-
沿 岸 い か 釣	(27)	-	-	0	1	0	-
ひ き 縄 釣	(28)	-	-	860	9	7	0
そ の 他 の 釣	(29)	0	7	1,140	2,054	1,580	51
4)そ の 他 の 漁 業	(30)	4	1,394	0	54	32	2

5)は、「ちだい・きだい」を細分化し、「ちだい」、「きだい」とした。
6)は、「くろだい・へだい」を細分化し、「くろだい」、「へだい」とした。

単位：t

| 類（続き） | | | | | | | | |
| い | 類 | | いさき | さわら類 | すずき類 | いかなご | あまだい類 | |
5)きだい	6)くろだい	6)へだい						
4,026	2,406	500	3,359	15,862	5,936	11,447	1,214	(1)
-	-	-	-	-	-		-	(2)
1,381	-	-	-	13	-	-	6	(3)
1,062	31	0	0	18	46	6,516	102	(4)
482	992	29	57	243	2,187	0	89	(5)
165	167	26	244	111	191	1,397	20	(6)
-	-	-	-	-	-		-	(7)
-	-	-		459	5			(8)
-	0	-	0	16	1		-	(9)
1	55	1	263	393	440	-	0	(10)
-	-	-	-	-	-		-	(11)
-	-	-	-	0	-		-	(12)
236	484	42	446	2,612	942	0	320	(13)
-	-	-	-	-			-	(14)
3	197	224	815	7,451	702	25	2	(15)
-	0	-	-	0	0	0	-	(16)
3	277	63	300	909	878	56	2	(17)
0	6	0	1	38	48	2,949	0	(18)
-	-	-	-	2	-	-	-	(19)
-	-	-	-	9	-	-	-	(20)
-	-	-	-	12	-	-	-	(21)
520	40	1	15	321	72	-	587	(22)
-	-	-	-	0	-		-	(23)
-	-	-	-	0	-		-	(24)
-	-	-	-	1	-		-	(25)
-	-	-	-	-	-		-	(26)
0	-	-	0	-	-	-	0	(27)
1	1	0	2	2,287	34	-	0	(28)
169	141	113	1,208	955	373	0	83	(29)
3	15	2	9	14	17	503	2	(30)

1　全国統計（続き）
(2)　漁業種類別・魚種別漁獲量（続き）

漁　業　種　類		魚　類　（　続　き　）		え　　び　　類			
		ふぐ類	その他の魚類	計	いせえび	くるまえび	その他の えび類
計	(1)	4,960	176,336	12,980	1,118	327	11,535
遠 洋 底 び き 網	(2)	-	6,007	-	-	-	-
以 西 底 び き 網	(3)	4	1,658	12	-	-	12
1)沖 合 底 び き 網	(4)	119	48,125	2,055	0	0	2,055
小 型 底 び き 網	(5)	884	16,729	5,642	6	254	5,383
船 び き 網	(6)	54	6,176	309	8	0	301
大中型 1そうまき遠洋かつお・まぐろまき網	(7)	-	44	-	-	-	-
2)大 中 型 1 そ う ま き 網 そ の 他	(8)	8	6,838	-	-	-	-
2 そ う ま き 網	(9)	0	256	-	-	-	-
中 ・ 小 型 ま き 網	(10)	381	15,004	1	-	0	1
さ け ・ ま す 流 し 網	(11)	-	-	-	-	-	-
か じ き 等 流 し 網	(12)	-	115	-	-	-	-
そ の 他 の 刺 網	(13)	78	19,150	1,240	1,064	57	120
さ ん ま 棒 受 網	(14)	-	-	-	-	-	-
定 置 網 大 型 定 置 網	(15)	1,603	15,175	4	2	0	2
さ け 定 置 網	(16)	43	1,579	-	-	-	-
小 型 定 置 網	(17)	654	15,782	27	2	5	20
そ の 他 の 網 漁 業	(18)	49	2,027	1,953	0	0	1,952
まぐろはえ縄 遠 洋 ま ぐ ろ は え 縄	(19)	-	2,837	-	-	-	-
近 海 ま ぐ ろ は え 縄	(20)	-	345	-	-	-	-
沿 岸 ま ぐ ろ は え 縄	(21)	-	95	-	-	-	-
そ の 他 の は え 縄	(22)	669	4,443	0	0	-	0
かつお一本釣 遠 洋 か つ お 一 本 釣	(23)	-	8	-	-	-	-
近 海 か つ お 一 本 釣	(24)	-	318	-	-	-	-
沿 岸 か つ お 一 本 釣	(25)	-	301	-	-	-	-
い か 釣 3)沖 合 い か 釣	(26)	-	-	-	-	-	-
沿 岸 い か 釣	(27)	0	3	-	-	-	-
ひ き 縄 釣	(28)	1	636	-	-	-	-
そ の 他 の 釣	(29)	188	10,544	0	0	0	0
4)そ の 他 の 漁 業	(30)	224	2,143	1,735	36	10	1,689

単位：t

| かに類 | | | | | おきあみ類 | 貝類 | | | | |
計	ずわいがに	べにずわいがに	がざみ類	その他のかに類		計	あわび類	さざえ	あさり類	
22,512	3,512	13,210	2,217	3,573	20,335	386,257	829	5,413	7,976	(1)
-	-	-	-	-	-	-	-	-	-	(2)
4	-	-	-	4	-	-	-	-	-	(3)
2,512	2,396	6	0	110	-	226	-	-	0	(4)
1,565	559	2	846	157	-	355,594	0	4	317	(5)
14	4	-	3	7	20,335	7	-	-	-	(6)
-	-	-	-	-	-	-	-	-	-	(7)
-	-	-	-	-	-	-	-	-	-	(8)
-	-	-	-	-	-	-	-	-	-	(9)
0	-	-	-	0	-	-	-	-	-	(10)
-	-	-	-	-	-	-	-	-	-	(11)
-	-	-	-	-	-	-	-	-	-	(12)
1,747	327	19	837	564	-	1,434	6	739	-	(13)
-	-	-	-	-	-	-	-	-	-	(14)
7	-	-	6	0	-	0	-	0	-	(15)
26	-	-	6	21	-	0	-	-	0	(16)
74	-	-	54	20	0	13	0	0	0	(17)
34	-	-	33	0	-	0	0	0	-	(18)
-	-	-	-	-	-	-	-	-	-	(19)
-	-	-	-	-	-	-	-	-	-	(20)
-	-	-	-	-	-	-	-	-	-	(21)
4	-	-	0	4	-	0	-	-	-	(22)
-	-	-	-	-	-	-	-	-	-	(23)
-	-	-	-	-	-	-	-	-	-	(24)
-	-	-	-	-	-	-	-	-	-	(25)
-	-	-	-	-	-	-	-	-	-	(26)
-	-	-	-	-	-	-	-	-	-	(27)
-	-	-	-	-	-	-	-	-	-	(28)
0	-	-	0	0	-	0	-	-	0	(29)
16,525	225	13,183	431	2,686	-	28,982	823	4,669	7,658	(30)

1　全国統計（続き）
(2)　漁業種類別・魚種別漁獲量（続き）

漁　業　種　類		貝　類（続き）		い　　か　　類			
		ほたてがい	その他の貝　類	計	するめいか	あかいか	その他のいか類
計	(1)	339,435	32,604	72,974	39,587	6,972	26,415
遠 洋 底 び き 網	(2)	-	-	-	-	-	-
以 西 底 び き 網	(3)	-	-	236	100	-	136
1)沖 合 底 び き 網	(4)	-	226	17,657	8,838	0	8,818
小 型 底 び き 網	(5)	339,207	16,065	5,970	770	113	5,087
船 び き 網	(6)	-	7	241	34	0	207
大中型 1 そうまき遠洋かつお・まぐろまき網	(7)	-	-	-	-	-	-
2)大中型 1 そうまき網その他	(8)	-	-	1,962	1,962	-	-
2 そ う ま き 網	(9)	-	-	62	62	-	0
中 ・ 小 型 ま き 網	(10)	-	-	479	324	0	154
さ け ・ ま す 流 し 網	(11)	-	-	-	-	-	-
か じ き 等 流 し 網	(12)	-	-	-	-	-	-
そ の 他 の 刺 網	(13)	24	666	1,109	425	2	682
さ ん ま 棒 受 網	(14)	-	-	-	-	-	-
定 置 網 大 型 定 置 網	(15)	-	0	6,602	4,101	18	2,483
さ け 定 置 網	(16)	-	0	2,230	2,211	-	20
小 型 定 置 網	(17)	-	12	3,531	1,355	0	2,176
そ の 他 の 網 漁 業	(18)	-	0	240	9	-	231
まぐろはえ縄 遠洋まぐろはえ縄	(19)	-	-	-	-	-	-
近海まぐろはえ縄	(20)	-	-	-	-	-	-
沿岸まぐろはえ縄	(21)	-	-	7	-	-	7
そ の 他 の は え 縄	(22)	-	0	0	0	-	0
かつお一本釣 遠洋かつお一本釣	(23)	-	-	-	-	-	-
近海かつお一本釣	(24)	-	-	-	-	-	-
沿岸かつお一本釣	(25)	-	-	0	-	-	0
い か 釣 3)沖合いか釣	(26)	-	-	10,449	3,562	6,836	51
沿 岸 い か 釣	(27)	-	-	21,240	15,813	3	5,425
ひ き 縄 釣	(28)	-	-	24	0	-	24
そ の 他 の 釣	(29)	-	0	65	4	-	61
4)そ の 他 の 漁 業	(30)	204	15,627	870	17	0	852

7)は、「その他の水産動物類」から、「なまこ類」を分離した。

単位：t

たこ類	7)なまこ類	うに類	海産ほ乳類	その他の水産動物類	海　藻　類			
					計	こんぶ類	その他の海藻類	
35,175	6,611	7,906	466	4,887	66,841	46,543	20,297	(1)
-	-	-	-	-	-	-	-	(2)
-	-	-	-	-	-	-	-	(3)
1,218	113	0	-	31	-	-	-	(4)
2,357	3,187	185	-	628	1	-	1	(5)
20	0	0	-	3	-	-	-	(6)
-	-	-	-	-	-	-	-	(7)
-	-	-	-	-	-	-	-	(8)
-	-	-	-	-	-	-	-	(9)
0	0	-	-	-	-	-	-	(10)
-	-	-	-	-	-	-	-	(11)
-	-	-	-	-	-	-	-	(12)
1,465	411	2	-	3,261	0	-	0	(13)
-	-	-	-	-	-	-	-	(14)
43	0	-	182	0	0	-	0	(15)
89	0	-	1	-	-	-	-	(16)
797	2	0	11	2	-	-	-	(17)
3	-	0	-	405	-	-	-	(18)
-	-	-	-	-	-	-	-	(19)
-	-	-	-	-	-	-	-	(20)
-	-	-	-	-	-	-	-	(21)
6,184	0	-	-	0	-	-	-	(22)
-	-	-	-	-	-	-	-	(23)
-	-	-	-	-	-	-	-	(24)
-	-	-	-	-	-	-	-	(25)
-	-	-	-	-	-	-	-	(26)
-	0	-	-	-	-	-	-	(27)
0	1	-	-	-	-	-	-	(28)
708	1	-	-	0	3	-	3	(29)
22,290	2,897	7,718	271	557	66,836	46,543	20,293	(30)

2　大海区都道府県振興局別統計
(1)　漁業種類別漁獲量

| 都道府県・大海区・振興局 | 計 | 網 | | | | | ま |
| | | 底 び き 網 | | | | 船びき網 | 大　中　1そう |
		遠洋底びき網	以西底びき網	1)沖合底びき網	小型底びき網		遠洋かつお・まぐろまき網
全　　国 (1)	3,228,428	7,595	3,740	250,223	418,082	169,524	201,530
北　海　道 (2)	882,481	x	-	164,090	349,287	x	-
青　　森 (3)	80,473	x	-	7,896	1,938	x	-
岩　　手 (4)	92,774	-	-	13,437	1	10,519	
宮　　城 (5)	195,460	x	-	30,590	3,493	9,902	34,731
秋　　田 (6)	5,652			935	328	23	
山　　形 (7)	3,686	-	-	x	1,453	105	-
福　　島 (8)	69,415	-	-	1,437	515	468	-
茨　　城 (9)	290,796	-	-	1,487	1,382	3,951	-
千　　葉 (10)	111,213	-	-	838	3,798	13	-
東　　京 (11)	52,349	x	-	-	-	-	x
神　奈　川 (12)	33,797	-	-	x	590	356	-
新　　潟 (13)	28,792	-	-	x	2,526	622	x
富　　山 (14)	23,309	-	-	-	818	2	-
石　　川 (15)	39,793	-	-	1,476	3,723	164	-
福　　井 (16)	12,005	-	-	1,434	1,843	2	-
静　　岡 (17)	173,404	-	-	x	269	5,346	68,866
愛　　知 (18)	59,934	-	-	1,298	6,369	37,625	-
三　　重 (19)	130,988	-	-	x	2,885	19,021	-
京　　都 (20)	8,558	-	-	141	250	x	-
大　　阪 (21)	14,488	-	-	-	1,114	3,780	-
兵　　庫 (22)	40,912	-	-	8,350	6,831	16,004	-
和　歌　山 (23)	13,752	-	-	-	2,063	2,075	-
鳥　　取 (24)	82,079	-	-	6,067	158	53	x
島　　根 (25)	80,222	-	-	4,884	3,697	330	-
岡　　山 (26)	3,232	-	-	-	1,406	850	-
広　　島 (27)	13,933	-	-	-	738	10,518	-
山　　口 (28)	22,453	-	-	3,598	2,520	3,101	-
徳　　島 (29)	9,673	-	-	x	1,377	3,081	-
香　　川 (30)	15,855	-	-	-	2,312	8,912	-
愛　　媛 (31)	74,473	-	-	x	6,582	10,567	-
高　　知 (32)	62,803	-	-	x	154	2,643	-
福　　岡 (33)	18,283	-	-	-	1,090	3,511	-
佐　　賀 (34)	9,724	-	-	-	2,064	824	-
長　　崎 (35)	250,771	-	x	x	627	4,808	x
熊　　本 (36)	15,323	-	x	-	938	802	-
大　　分 (37)	30,830	-	-	-	1,803	4,390	-
宮　　崎 (38)	100,130	-	-	-	699	1,883	-
鹿　児　島 (39)	58,928	-	-	-	442	3,271	-
沖　　縄 (40)	15,685	-	-	-	-	-	-
北海道太平洋北区 (41)	364,031	-	-	62,661	44,277	-	-
太 平 洋 北 区 (42)	715,116	x	-	53,947	6,681	x	34,731
太 平 洋 中 区 (43)	561,685	x	-	2,272	13,911	62,361	130,021
太 平 洋 南 区 (44)	249,137	x	-	-	1,620	6,497	-
北海道日本海北区 (45)	518,450	x	-	101,429	305,010	x	-
日 本 海 北 区 (46)	75,242	-	-	2,291	5,772	753	x
日 本 海 西 区 (47)	233,822	-	-	22,352	9,672	x	x
東 シ ナ 海 区 (48)	383,029	-	3,740	x	5,403	13,750	x
瀬 戸 内 海 区 (49)	127,918	-	-	-	25,736	60,773	-
宗　　谷 (50)	219,486	x	-	33,769	153,522	-	-
オ ホ ー ツ ク (51)	246,020	-	-	57,095	149,108	x	-
根　　室 (52)	127,510	-	-	-	39,307	-	-
釧　　路 (53)	84,118	-	-	39,261	1,340	-	-
十　　勝 (54)	11,653	-	-	x	674	-	-
日　　高 (55)	47,633	-	-	x	516	-	-
胆　　振 (56)	33,280	-	-	x	1,841	-	-
渡　　島 (57)	61,992	-	-	-	599	-	-
留　　萌 (58)	9,284	-	-	-	2,198	-	-
石　　狩 (59)	2,861	-	-	-	73	-	-
後　　志 (60)	34,467	-	-	10,565	95	-	-
檜　　山 (61)	4,176	-	-	-	15	-	-
青　森（太北）(62)	66,670	x	-	6,996	1,290	x	-
（日北）(63)	13,803	-	-	900	649	-	-
兵　庫（日西）(64)	11,165	-	-	8,350	-	-	-
（瀬戸）(65)	29,747	-	-	-	6,831	16,004	-
和歌山（太南）(66)	7,210	-	-	-	x	242	-
（瀬戸）(67)	6,542	-	-	-	x	1,833	-
山　口（東シ）(68)	15,704	-	-	3,598	852	567	-
（瀬戸）(69)	6,749	-	-	-	1,668	2,534	-
徳　島（太南）(70)	3,208	-	-	x	-	-	-
（瀬戸）(71)	6,465	-	-	-	1,377	3,081	-
愛　媛（太南）(72)	53,148	-	-	x	464	295	-
（瀬戸）(73)	21,326	-	-	-	6,118	10,272	-
福　岡（東シ）(74)	16,893	-	-	-	480	3,478	-
（瀬戸）(75)	1,390	-	-	-	609	34	-
大　分（太南）(76)	22,638	-	-	-	x	1,435	-
（瀬戸）(77)	8,192	-	-	-	x	2,956	-

注：令和元年調査から、以下の漁業種類分類の見直しを行った。
　1)は、「沖合底びき網1そうびき」、「沖合底びき網2そうびき」を統合し、「沖合底びき網」とした。
　2)は、「大中型まき網1そうまき近海かつお・まぐろ」、「大中型まき網1そうまきその他」を統合し、「大中型まき網1そうまきその他」とした。

単位：t

漁			業				
き		網	刺		網	敷 網	
型　ま　き　網		中・小型	さけ・ます	かじき等	その他の	さんま	
まき 2)その他	2そうまき網	まき網	流し網	流し網	刺　網	棒受網	
734,315	38,597	361,551	732	3,978	127,616	45,529	(1)
-	-	x	732	1,564	89,815	19,046	(2)
x	x	-	-	-	2,715	x	(3)
-	-	-	-	x	763	6,031	(4)
x	-	-	-	1,595	2,869	5,972	(5)
-	-	-	-	-	634	-	(6)
-	-	-	-	-	154		(7)
61,629	-	-	-	-	780	3,055	(8)
279,115	-	-	-	-	151		(9)
32,215	x	17,546	-	x	1,564	1,369	(10)
-	-	x	-	-	255	x	(11)
-	-	x	-	-	410		(12)
-	-	-	-	-	1,535		(13)
-	-	-	-	-	406	4,920	(14)
x	-	6,212	-	-	1,659		(15)
-	-	-	-	-	216	-	(16)
x	-	4,903	-	-	277	x	(17)
-	-	-	-	-	611		(18)
x	-	64,010	-	-	937	72	(19)
-	-	-	-	-	132		(20)
-	-	9,131	-	-	257	-	(21)
-	-	2,746	-	-	1,247		(22)
-	-	4,134	-	-	294	x	(23)
x	-	107	-	-	1,359	-	(24)
x	-	52,223	-	-	524	-	(25)
-	-	-	-	-	392		(26)
-	-	x	-	-	688	-	(27)
-	-	2,316	-	-	1,768	-	(28)
-	-	-	-	-	239	-	(29)
-	-	-	-	-	1,147	-	(30)
x	-	14,628	-	-	1,725	-	(31)
-	-	10,984	-	-	106	-	(32)
-	-	3,077	-	-	2,384	-	(33)
-	-	-	-	-	2,365	-	(34)
111,393	-	86,129	-	322	3,244	x	(35)
-	-	3,294	-	-	1,001	-	(36)
x	-	9,673	-	-	967	-	(37)
x	-	45,711	-	-	397	-	(38)
-	-	22,893	-	-	1,479	-	(39)
-	-	-	-	-	148	-	(40)
-	-	-	732	x	63,871	x	(41)
392,304	x	-	-	x	6,151	x	(42)
103,850	x	87,195	-	x	4,054	2,703	(43)
54,593	-	x	-	-	1,352	x	(44)
-	-	x	-	x	25,944	x	(45)
-	-	-	-	-	3,856	4,920	(46)
72,175	-	58,542	-	-	3,893	-	(47)
111,393	-	117,709	-	322	11,410	x	(48)
-	-	13,324	-	-	7,084	-	(49)
-	-	x	-	-	11,485	x	(50)
-	-	-	-	-	974	-	(51)
-	-	-	446	x	19,682	11,454	(52)
-	-	-	136	-	3,430	4,376	(53)
-	-	-	64	118	647	352	(54)
-	-	-	x	1,389	9,492	1,396	(55)
-	-	-	x	x	14,022	x	(56)
-	-	-	-	x	16,862	x	(57)
-	-	-	-	-	2,285	-	(58)
-	-	-	-	-	1,708	-	(59)
-	-	-	-	-	8,958	-	(60)
-	-	-	-	-	272	-	(61)
x	x	-	-	-	1,588	x	(62)
-	-	-	-	-	1,127	-	(63)
-	-	-	-	-	4	-	(64)
-	-	2,746	-	-	1,243	-	(65)
-	-	x	-	-	239	x	(66)
-	-	x	-	-	55	-	(67)
-	-	2,316	-	-	965	-	(68)
-	-	-	-	-	803	-	(69)
-	-	-	-	-	116	-	(70)
-	-	-	-	-	123	-	(71)
x	-	14,628	-	-	226	-	(72)
-	-	-	-	-	1,499	-	(73)
-	-	3,077	-	-	2,207	-	(74)
-	-	-	-	-	177	-	(75)
x	-	9,673	-	-	268	-	(76)
-	-	-	-	-	699	-	(77)

2　大海区都道府県振興局別統計（続き）
（1）　漁業種類別漁獲量（続き）

都道府県・大海区・振興局		網漁業（続き）				釣			
		定置網			その他の網漁業	はえ縄			
						まぐろはえ縄			その他のはえ縄
		大型定置網	さけ定置網	小型定置網		遠洋まぐろはえ縄	近海まぐろはえ縄	沿岸まぐろはえ縄	
全　　　　国	(1)	225,866	62,004	81,893	52,160	68,730	39,875	4,442	23,613
北　海　道	(2)	30,998	62,004	36,934	25,581	x	-	103	12,643
青　　　森	(3)	3,956	-	11,251	112	2,615	-	234	799
岩　　　手	(4)	42,349	-	1,935	4,391	6,501	x	482	1,625
宮　　　城	(5)	44,573	-	3,280	x	16,981	9,296	10	208
秋　　　田	(6)	982	-	987	-	-	-	-	200
山　　　形	(7)	x	-	361	x	x	-	-	146
福　　　島	(8)	-	-	-	-	1,201	-	-	5
茨　　　城	(9)	x	-	-	-	x	-	-	49
千　　　葉	(10)	8,054	-	765	1,394	x	x	207	96
東　　　京	(11)	-	-	-	70	1,149	-	38	96
神　奈　川	(12)	5,864	-	1,016	205	7,513	-	-	291
新　　　潟	(13)	4,070	-	1,015	x	x	-	-	x
富　　　山	(14)	11,925	-	969	46	3,304	-	-	x
石　　　川	(15)	14,052	-	1,077	x	-	-	-	376
福　　　井	(16)	6,577	-	570	6	-	-	-	129
静　　　岡	(17)	3,856	-	539	4,512	7,945	-	-	12
愛　　　知	(18)	-	-	254	-	-	-	-	35
三　　　重	(19)	5,736	-	933	351	3,289	1,220	x	79
京　　　都	(20)	6,976	-	523	x	-	-	-	44
大　　　阪	(21)	-	-	93	-	-	-	-	-
兵　　　庫	(22)	x	-	796	143	x	-	-	136
和　歌　山	(23)	1,677	-	430	285	-	252	13	259
鳥　　　取	(24)	-	-	363	116	-	-	-	x
島　　　根	(25)	x	-	1,170	63	x	-	-	74
岡　　　山	(26)	-	-	258	92	-	-	-	1
広　　　島	(27)	-	-	328	x	-	-	-	24
山　　　口	(28)	1,548	-	874	1,921	x	-	-	678
徳　　　島	(29)	x	-	969	7	-	x	x	554
香　　　川	(30)	x	-	604	1,950	-	-	-	x
愛　　　媛	(31)	-	-	315	185	x	-	-	346
高　　　知	(32)	11,640	-	412	x	3,860	9,549	125	39
福　　　岡	(33)	-	-	638	139	x	-	-	488
佐　　　賀	(34)	x	-	680	2,415	-	-	-	252
長　　　崎	(35)	7,238	-	5,879	1,829	x	-	2	2,420
熊　　　本	(36)	x	-	636	3,913	-	-	-	626
大　　　分	(37)	x	-	2,382	-	-	2,183	-	296
宮　　　崎	(38)	2,528	-	1,088	x	961	8,359	1,936	257
鹿　児　島	(39)	3,598	-	1,537	2,221	12,622	-	x	200
沖　　　縄	(40)	150	-	30	x	x	7,473	1,140	x
北海道太平洋北区	(41)	29,086	30,908	14,378	23,461	x	-	62	10,121
太　平　洋　北　区	(42)	90,254	-	10,213	4,489	x	x	598	2,475
太　平　洋　中　区	(43)	23,509	-	3,507	6,533	x	x	x	609
太　平　洋　南　区	(44)	16,076	-	4,256	452	x	21,089	2,162	873
北海道日本海北区	(45)	1,912	31,096	22,556	2,120	-	-	41	2,522
日　本　海　北　区	(46)	18,236	-	9,585	138	3,309	-	129	586
日　本　海　西　区	(47)	32,381	-	3,704	224	-	-	-	629
東　シ　ナ　海　区	(48)	13,535	-	9,929	12,424	12,664	x	x	4,624
瀬　戸　内　海　区	(49)	877	-	3,765	2,320	-	x	x	1,175
宗　　　谷	(50)	-	5,021	2,273	683	-	-	-	699
オ ホ ー ツ ク	(51)	-	20,050	14,707	-	-	-	-	x
根　　　室	(52)	-	13,435	11,670	10,447	-	-	-	5,146
釧　　　路	(53)	-	1,872	325	10,016	-	-	-	2,714
十　　　勝	(54)	-	2,102	16	x	-	-	-	x
日　　　高	(55)	-	8,522	160	x	-	-	-	1,261
胆　　　振	(56)	-	2,951	435	-	-	-	-	x
渡　　　島	(57)	29,086	2,052	1,988	61	x	-	103	750
留　　　萌	(58)	-	985	516	x	-	-	-	501
石　　　狩	(59)	-	873	36	-	-	-	-	36
後　　　志	(60)	1,912	3,815	4,133	1,372	-	-	-	544
檜　　　山	(61)	-	327	676	x	-	-	-	x
青　森（太北）	(62)	x	-	4,998	x	2,615	-	105	588
（日北）	(63)	x	-	6,252	x	-	-	129	211
兵　庫（日西）	(64)	x	-	-	x	x	-	-	x
（瀬戸）	(65)	-	-	796	x	-	-	-	x
和歌山（太南）	(66)	x	-	311	285	-	x	x	166
（瀬戸）	(67)	-	-	119	x	-	x	x	94
山　口（東シ）	(68)	1,548	-	680	1,856	x	-	-	549
（瀬戸）	(69)	-	-	194	65	-	-	-	130
徳　島（太南）	(70)	x	-	300	7	-	x	x	91
（瀬戸）	(71)	-	-	669	0	-	-	-	464
愛　媛（太南）	(72)	-	-	33	x	x	-	-	185
（瀬戸）	(73)	-	-	282	x	-	-	-	161
福　岡（東シ）	(74)	-	-	486	x	x	-	-	x
（瀬戸）	(75)	-	-	152	x	-	-	-	x
大　分（太南）	(76)	x	-	2,112	-	-	2,183	-	135
（瀬戸）	(77)	-	-	270	-	-	-	-	161

3)は、「遠洋いか釣」、「近海いか釣」を統合し、「沖合いか釣」とした。
4)は、「採貝・採藻」、「その他の漁業」を統合し、「その他の漁業」とした。

単位：t

漁業							4)その他の漁業	
はえ縄以外の釣								
かつお一本釣			いか釣		ひき縄釣	その他の釣		
遠洋かつお一本釣	近海かつお一本釣	沿岸かつお一本釣	3)沖合いか釣	沿岸いか釣				
45,183	23,248	11,756	10,449	21,253	12,977	27,693	154,273	(1)
-	-	-	1,019	5,984	132	560	79,046	(2)
-	-	-	6,715	5,355	87	1,248	4,012	(3)
-	-	-	x	410	-	20	3,863	(4)
5,145	-	-	-	42	-	15	2,244	(5)
-	-	-	-	6	16	206	1,337	(6)
-	-	-	221	183	-	38	704	(7)
-	-	-	-	-	4	87	233	(8)
x	-	-	-	-	14	57	429	(9)
-	-	-	x	3	181	1,702	3,427	(10)
-	-	-	-	63	313	1,707	862	(11)
x	x	132	x	8	x	346	793	(12)
-	-	-	x	233	79	220	3,265	(13)
-	-	-	-	49	3	27	781	(14)
-	-	-	1,398	479	-	388	1,726	(15)
-	-	-	-	637	2	109	481	(16)
13,331	x	-	-	30	256	1,600	1,380	(17)
x	-	-	-	-	x	856	12,882	(18)
8,490	2,335	1,537	-	10	852	421	1,956	(19)
-	-	-	-	26	9	71	379	(20)
-	-	-	-	-	8	10	95	(21)
-	-	-	x	314	531	392	3,021	(22)
-	-	x	-	6	1,040	467	624	(23)
-	-	-	x	979	242	100	2,738	(24)
-	-	-	x	603	67	797	3,344	(25)
-	-	-	-	-	1	35	196	(26)
-	-	-	-	-	122	337	995	(27)
-	-	-	-	205	x	1,208	2,530	(28)
-	-	x	-	4	177	382	653	(29)
-	-	-	-	-	22	60	474	(30)
-	-	x	-	4	24	2,027	2,314	(31)
4,618	5,371	7,622	-	42	3,066	1,982	163	(32)
-	-	-	x	187	829	768	5,091	(33)
-	-	-	-	399	x	118	355	(34)
-	-	-	2,563	1,641	3,069	4,125		(35)
-	-	-	-	66	114	1,027	2,093	(36)
-	-	-	-	31	-	1,783	3,528	(37)
3,212	15,113	491	-	54	673	189	106	(38)
x	-	501	-	268	459	1,891	1,039	(39)
-	-	413	-	2,012	1,774	1,372	989	(40)
-	-	-	834	4,127	24	393	58,991	(41)
x	-	-	x	4,372	95	1,036	9,392	(42)
23,127	2,764	1,670	x	113	1,611	6,633	21,301	(43)
7,830	20,484	9,173	-	140	4,884	4,523	2,965	(44)
-	-	-	184	1,857	108	168	20,055	(45)
-	-	-	-	1,906	108	881	7,477	(46)
-	-	-	1,968	3,037	322	1,524	10,697	(47)
x	-	914	x	5,699	4,905	9,110	14,973	(48)
-	-	-	-	1	920	3,424	8,423	(49)
-	-	-	-	15	35	2	8,566	(50)
-	-	-	-	-	-	-	3,911	(51)
-	-	-	x	610	-	-	15,150	(52)
-	-	-	-	92	-	5	20,553	(53)
-	-	-	-	174	-	-	1,430	(54)
-	-	-	-	281	-	0	15,470	(55)
-	-	-	-	270	-	-	1,221	(56)
-	-	-	837	2,947	26	461	6,188	(57)
-	-	-	-	39	30	x	2,710	(58)
-	-	-	-	-	1	-	134	(59)
-	-	-	x	624	9	x	2,421	(60)
-	-	-	-	933	31	77	1,291	(61)
-	-	-	6,715	3,920	77	858	2,622	(62)
-	-	-	-	1,435	10	390	1,389	(63)
-	-	-	x	314	2	60	2,030	(64)
-	-	-	-	-	529	333	991	(65)
-	-	x	-	6	970	235	416	(66)
-	-	-	-	-	70	232	207	(67)
-	-	-	-	205	x	882	1,644	(68)
-	-	-	-	-	143	326	886	(69)
-	-	x	-	4	151	60	250	(70)
-	-	-	-	-	26	322	403	(71)
-	-	x	-	x	24	600	782	(72)
-	-	-	-	x	-	1,427	1,532	(73)
-	-	-	x	187	829	751	4,727	(74)
-	-	-	-	-	-	16	364	(75)
-	-	-	-	x	-	1,458	1,247	(76)
-	-	-	-	x	-	325	2,280	(77)

2　大海区都道府県振興局別統計（続き）
(2)　魚種別漁獲量

都道府県・大海区・振興局	合計	魚 計	まぐろ類 小計	くろまぐろ	みなみまぐろ	びんなが	めばち	きはだ	その他のまぐろ類	小計
全　国　(1)	3,228,428	2,591,485	161,020	10,236	5,969	30,329	33,740	79,977	769	10,874
北海道　(2)	882,481	434,310	190	185	–	1	1	2	0	211
青森　(3)	80,473	56,294	4,001	1,426	146	438	1,190	801	–	79
岩手　(4)	92,774	76,120	5,550	259	718	1,179	1,726	1,667	–	527
宮城　(5)	195,460	179,383	22,062	946	1,223	2,723	5,963	11,207	–	2,924
秋田　(6)	5,652	3,974	27	27	–	–	0	–	–	0
山形　(7)	3,686	2,284	26	26	–	–	–	–	–	0
福島　(8)	69,415	68,292	1,312	148	73	265	592	234	–	133
茨城　(9)	290,796	288,444	664	11	–	341	171	140	1	63
千葉　(10)	111,213	104,171	x	66	–	144	91	x	0	243
東京　(11)	52,349	51,433	13,105	90	–	73	1,780	11,163	–	329
神奈川　(12)	33,797	32,381	8,516	300	294	668	3,319	3,935	–	753
新潟　(13)	28,792	23,974	4,395	118	–	x	x	4,046	–	2
富山　(14)	23,309	19,463	2,644	479	145	223	1,029	762	5	154
石川　(15)	39,793	33,892	215	211	–	3	–	1	–	6
福井　(16)	12,005	8,771	26	22	–	1	–	2	2	17
静岡　(17)	173,404	171,408	26,750	837	1,463	2,351	3,321	18,778	0	565
愛知　(18)	59,934	43,319	x	–	–	–	–	x	–	0
三重　(19)	130,988	125,790	8,706	650	–	3,462	1,329	3,266	0	527
京都　(20)	8,558	7,696	31	30	–	0	–	0	0	9
大阪　(21)	14,488	14,116	–	–	–	–	–	–	–	–
兵庫　(22)	40,912	29,563	3	3	–	x	x	–	0	0
和歌山　(23)	13,752	12,712	735	x	–	480	x	197	0	30
鳥取　(24)	82,079	75,660	3,666	815	–	x	x	2,740	0	1
島根　(25)	80,222	75,078	440	326	–	5	51	18	40	13
岡山　(26)	3,232	2,240	–	–	–	–	–	–	–	–
広島　(27)	13,933	12,483	x	x	–	–	–	–	–	–
山口　(28)	22,453	18,085	152	108	–	5	x	x	29	5
徳島　(29)	9,673	8,574	x	9	–	533	x	210	0	x
香川　(30)	15,855	14,310	–	–	–	–	–	–	–	–
愛媛　(31)	74,473	69,299	366	248	–	0	2	117	–	x
高知　(32)	62,803	62,481	13,972	498	122	5,744	3,917	3,673	17	1,269
福岡　(33)	18,283	11,411	16	3	–	3	x	x	2	1
佐賀　(34)	9,724	2,457	9	3	–	–	0	0	6	1
長崎　(35)	250,771	242,113	4,558	1,702	–	10	114	2,700	32	188
熊本　(36)	15,323	12,941	4	1	–	0	0	2	–	6
大分　(37)	30,830	26,274	2,008	21	–	1,346	298	343	–	194
宮崎　(38)	100,130	99,828	13,501	156	–	5,679	1,891	5,742	32	1,138
鹿児島　(39)	58,928	57,256	11,578	311	1,785	2,270	3,336	3,869	8	779
沖縄　(40)	15,685	13,206	10,501	167	–	2,370	3,110	4,260	593	635
北海道太平洋北区　(41)	364,031	245,470	118	x	–	x	1	2	0	x
太平洋北区　(42)	715,116	659,520	33,199	2,400	2,160	4,946	9,642	14,050	1	3,726
太平洋中区　(43)	561,685	528,502	57,475	1,942	1,757	6,697	9,840	37,237	0	2,418
太平洋南区　(44)	249,137	244,744	31,376	959	122	13,748	6,270	10,227	50	2,692
北海道日本海北区　(45)	518,450	188,840	71	x	–	x	–	x	–	x
日本海北区　(46)	75,242	58,709	7,481	1,040	145	x	x	4,809	5	157
日本海西区　(47)	233,822	204,242	4,381	1,406	–	10	161	2,761	42	46
東シナ海区　(48)	383,029	351,921	26,818	2,295	1,785	4,658	6,573	10,836	671	1,615
瀬戸内海区　(49)	127,918	109,537	101	x	–	34	x	56	–	10
宗谷　(50)	219,486	56,916	1	1	–	–	–	–	–	–
オホーツク　(51)	246,020	91,234	–	–	–	–	–	–	–	0
根室　(52)	127,510	68,199	4	4	–	–	–	–	–	1
釧路　(53)	84,118	60,185	0	0	–	–	–	–	–	–
十勝　(54)	11,653	9,178	0	0	–	–	–	–	–	21
日高　(55)	47,633	29,910	7	5	–	x	x	1	–	168
胆振　(56)	33,280	29,358	2	2	–	x	–	x	–	x
渡島　(57)	61,992	49,288	158	156	–	0	x	x	0	14
留萌　(58)	9,284	5,495	13	13	–	–	–	–	–	–
石狩　(59)	2,861	2,580	–	–	–	–	–	–	–	–
後志　(60)	34,467	30,048	2	2	–	–	–	–	–	x
檜山　(61)	4,176	1,919	3	3	–	–	–	–	–	–
青森（太北）　(62)	66,670	47,280	3,611	1,036	146	438	1,190	801	–	78
（日北）　(63)	13,803	9,014	390	390	–	–	–	0	–	1
兵庫（日西）　(64)	11,165	3,144	3	2	–	x	x	–	0	0
（瀬戸）　(65)	29,747	26,419	0	0	–	–	–	–	–	–
和歌山（太南）　(66)	7,210	6,599	637	30	–	446	19	142	0	21
（瀬戸）　(67)	6,542	6,113	97	x	–	34	x	55	–	9
山口（東シ）　(68)	15,704	13,159	152	108	–	5	x	x	29	5
（瀬戸）　(69)	6,749	4,926	–	–	–	–	–	–	–	–
徳島（太南）　(70)	3,208	2,846	892	6	–	533	143	210	0	x
（瀬戸）　(71)	6,465	5,727	x	2	–	–	x	0	–	1
愛媛（太南）　(72)	53,148	51,858	366	247	–	0	2	117	–	x
（瀬戸）　(73)	21,326	17,441	1	1	–	–	0	–	–	0
福岡（東シ）　(74)	16,893	10,789	16	3	–	3	x	x	2	1
（瀬戸）　(75)	1,390	621	–	–	–	–	–	–	–	–
大分（太南）　(76)	22,638	21,131	2,008	21	–	1,346	298	343	–	194
（瀬戸）　(77)	8,192	5,143	–	–	–	–	–	–	–	–

単位：t

まかじき	めかじき	くろかじき類	その他のかじき類	小計	かつお	そうだがつお類	さめ類	小計	さけ類	ます類	
かじき類				かつお類			さめ類	さけ・ます類			
1,960	5,793	2,447	674	237,434	228,949	8,485	23,524	60,330	56,438	3,891	(1)
73	129	8	1	9	4	6	1,617	54,764	51,260	3,504	(2)
8	44	22	5	1,796	1,794	2	1,159	2,402	2,156	245	(3)
41	316	134	36	159	x	x	1,243	2,001	1,914	87	(4)
215	2,263	353	93	32,138	32,045	93	11,731	567	555	12	(5)
–	–	–	0	10	–	10	73	203	188	15	(6)
0	–	–	–	1	0	1	29	149	143	6	(7)
x	69	x	x	821	821	–	6	1	1	–	(8)
x	39	x	x	2,754	x	x	23	1	1	0	(9)
184	47	12	1	288	141	148	179	–	–	–	(10)
26	273	26	3	30,634	30,634	0	251	–	–	–	(11)
79	506	134	33	12,012	11,843	169	1,362	0	0	0	(12)
x	–	x	x	10,772	10,750	22	12	208	196	11	(13)
11	50	66	27	563	14	548	545	17	13	4	(14)
x	–	0	x	131	1	130	2	8	4	3	(15)
4	0	1	12	25	3	23	0	7	5	3	(16)
95	273	97	101	70,143	69,845	298	434	–	–	–	(17)
0	–	–	0	0	0	–	5	–	–	–	(18)
27	367	117	15	15,863	15,672	191	298	–	–	–	(19)
–	–	–	4	155	1	153	0	3	x	x	(20)
–	–	–	–	–	–	–	x	–	–	–	(21)
x	–	–	x	x	–	x	9	0	x	x	(22)
19	2	9	0	787	692	95	29	–	–	–	(23)
–	–	–	1	x	9,223	x	0	–	–	–	(24)
1	1	3	9	50	9	41	8	0	0	0	(25)
–	–	–	–	–	–	–	0	–	–	–	(26)
–	–	–	–	–	–	–	x	–	–	–	(27)
x	x	x	3	17	5	12	10	0	0	–	(28)
x	x	39	x	524	470	53	33	–	–	–	(29)
–	–	–	–	–	–	–	0	–	–	–	(30)
x	–	–	0	873	503	370	88	–	–	–	(31)
302	525	405	37	18,667	14,574	4,093	1,474	–	–	–	(32)
x	x	x	x	20	7	13	8	–	–	–	(33)
–	–	–	1	2	1	1	2	–	–	–	(34)
122	10	21	34	7,565	7,039	525	163	–	–	–	(35)
–	–	–	x	188	1	186	7	–	–	–	(36)
41	55	98	0	68	47	21	31	–	–	–	(37)
582	295	219	43	14,577	13,741	835	1,478	–	–	–	(38)
46	306	284	144	6,307	6,025	283	1,193	–	–	–	(39)
47	208	348	32	284	278	6	14	–	–	–	(40)
x	x	x	1	6	4	2	1,570	23,200	21,531	1,669	(41)
284	2,730	553	159	37,623	37,379	243	13,774	4,876	4,550	325	(42)
412	1,466	386	154	128,941	128,135	806	2,529	0	0	0	(43)
953	892	767	80	35,468	30,013	5,455	3,029	–	–	–	(44)
x	x	x	0	3	0	3	47	31,563	29,729	1,835	(45)
x	50	x	x	11,391	10,809	581	1,047	672	617	55	(46)
6	1	8	31	9,592	9,238	355	11	18	11	7	(47)
216	524	655	220	14,383	13,357	1,026	1,395	0	0	–	(48)
6	x	x	x	28	14	14	123	–	–	–	(49)
–	–	–	–	–	–	–	3	6,023	5,765	258	(50)
–	–	–	0	0	0	–	0	21,915	20,488	1,427	(51)
–	–	–	1	–	–	–	41	10,347	9,801	546	(52)
–	–	–	–	–	–	–	7	1,531	1,218	313	(53)
x	13	x	–	0	0	–	104	2,103	2,037	66	(54)
53	108	7	0	4	4	–	1,279	4,830	4,585	244	(55)
x	x	x	–	x	–	x	23	2,670	2,448	222	(56)
5	8	1	0	x	0	x	152	1,748	1,465	283	(57)
–	–	–	–	–	–	–	1	985	981	4	(58)
–	–	–	–	–	–	–	0	838	834	3	(59)
–	x	–	–	3	–	3	4	1,408	1,316	92	(60)
–	–	–	–	–	–	–	4	366	322	44	(61)
8	44	22	4	1,751	1,749	2	771	2,306	2,080	226	(62)
0	0	–	0	45	45	–	388	96	77	19	(63)
x	–	–	x	x	–	x	–	0	x	x	(64)
–	–	–	–	–	–	–	9	–	–	–	(65)
13	x	x	x	761	678	83	0	–	–	–	(66)
6	x	x	x	26	14	12	28	–	–	–	(67)
x	x	x	3	17	5	12	9	0	0	–	(68)
–	–	–	–	–	–	–	1	–	–	–	(69)
x	x	39	x	524	470	53	32	–	–	–	(70)
–	1	–	–	0	0	0	1	–	–	–	(71)
x	–	x	0	872	503	369	15	–	–	–	(72)
0	–	–	–	2	–	2	74	–	–	–	(73)
x	x	x	x	20	7	13	8	–	–	–	(74)
–	–	–	–	–	–	–	0	–	–	–	(75)
41	55	98	0	68	47	21	30	–	–	–	(76)
–	–	–	–	–	–	–	1	–	–	–	(77)

2 大海区都道府県振興局別統計（続き）
(2) 魚種別漁獲量（続き）

都道府県・大海区・振興局	このしろ	にしん	魚 いわし類 小計	まいわし	うるめいわし	かたくちいわし	しらす	あじ類 小計	まあじ	むろあじ類
全　国 (1)	4,935	14,862	806,926	556,351	60,622	130,069	59,883	113,870	97,078	16,792
北　海　道 (2)	-	14,842	25,591	24,782	10	797	1	393	393	-
青　森 (3)	0	7	19,103	18,650	x	x	-	186	186	0
岩　手 (4)	0	1	13,367	13,153	x	x	-	242	242	1
宮　城 (5)	9	3	47,203	46,427	68	640	68	804	804	0
秋　田 (6)	2	-	30	30	0	-	-	303	303	-
山　形 (7)	-		13	13	-	-	-	83	83	-
福　島 (8)	-		47,323	46,875	7	-	441	45	45	-
茨　城 (9)	1	-	211,304	207,157	447	290	3,411	527	527	-
千　葉 (10)	1,838	-	60,507	52,666	545	7,290	6	2,746	2,687	58
東　京 (11)	2	-	-	-	-	-	-	64	0	63
神　奈　川 (12)	499	-	2,274	1,114	247	569	345	641	577	64
新　潟 (13)	11	-	125	122	4	-	-	1,391	1,390	2
富　山 (14)	7	-	4,029	2,579	155	1,294	1	1,182	1,168	14
石　川 (15)	30	-	x	6,959	869	1,613	x	2,833	2,825	8
福　井 (16)	2	-	115	32	5	78	-	537	522	15
静　岡 (17)	24	-	28,486	22,814	625	67	4,980	778	504	274
愛　知 (18)	193	-	35,849	10,905	2	13,510	11,433	391	379	12
三　重 (19)	57	-	41,627	24,586	1,577	14,595	870	1,611	1,437	174
京　都 (20)	26	-	1,657	11	20	1,625	1	667	636	31
大　阪 (21)	627	-	10,357	5,233	-	1,411	3,713	331	321	10
兵　庫 (22)	103	-	x	62	5	1,389	x	1,276	598	678
和　歌　山 (23)	0	-	2,382	161	112	33	2,075	2,374	1,291	1,083
鳥　取 (24)	11	8	30,034	29,850	103	42	40	3,670	3,665	5
島　根 (25)	4	0	20,479	2,432	14,993	2,992	62	18,281	18,193	88
岡　山 (26)	9	-	594	0	-	0	594	8	5	4
広　島 (27)	64	-	10,376	0	-	8,667	1,709	38	32	6
山　口 (28)	42	-	4,317	4	195	3,948	170	2,226	2,071	155
徳　島 (29)	24	-	3,247	221	32	851	2,143	321	304	17
香　川 (30)	46	-	9,435	46	1	8,537	850	299	284	15
愛　媛 (31)	24	-	33,152	17,672	2,540	10,148	2,793	4,532	4,189	343
高　知 (32)	1	-	10,321	1,523	5,313	782	2,702	2,933	1,744	1,189
福　岡 (33)	203	-	103	25	31	48	-	1,031	845	186
佐　賀 (34)	213	-	530	3	1	490	36	405	368	37
長　崎 (35)	66	-	66,752	18,993	10,716	37,015	27	44,002	40,882	3,120
熊　本 (36)	700	-	5,741	34	2,242	3,187	278	363	352	10
大　分 (37)	32	-	7,735	221	2,202	2,659	2,653	3,240	3,052	189
宮　崎 (38)	1	-	18,257	963	13,342	2,071	1,882	8,565	2,458	6,107
鹿　児　島 (39)	63	-	9,099	34	4,035	2,942	2,087	4,530	1,717	2,813
沖　縄 (40)	-	-	-	-	-	-	-	21	-	21
北海道太平洋北区 (41)	-	4,726	25,590	24,782	10	797	1	393	393	-
太　平　洋　北　区 (42)	9	x	336,623	330,595	701	1,407	3,920	1,620	1,619	1
太　平　洋　中　区 (43)	2,615	-	168,744	112,085	2,995	36,030	17,634	6,230	5,584	646
太　平　洋　南　区 (44)	27	-	57,957	20,640	23,541	7,382	6,395	20,476	11,942	8,534
北海道日本海北区 (45)	-	10,116	0	0	-	-	-	0	0	-
日　本　海　北　区 (46)	20	x	5,875	4,410	159	1,305	1	3,144	3,128	16
日　本　海　西　区 (47)	73	9	61,739	39,284	15,994	6,350	111	26,099	25,952	147
東　シ　ナ　海　区 (48)	1,232	-	84,208	19,093	17,220	45,297	2,598	52,423	46,083	6,340
瀬　戸　内　海　区 (49)	959	-	66,189	5,462	2	31,501	29,224	3,485	2,377	1,108
宗　谷 (50)	-	556	-	-	-	-	-	-	-	-
オ　ホ　ー　ツ　ク (51)	-	7,212	0	0	-	-	-	-	-	-
根　室 (52)	-	3,141	9,508	9,508	-	-	-	-	-	-
釧　路 (53)	-	955	10,226	10,225	-	-	1	-	-	-
十　勝 (54)	-	27	1,225	1,225	-	-	-	-	-	-
日　高 (55)	-	34	1,775	1,775	-	-	-	-	-	-
胆　振 (56)	-	273	2	2	-	0	-	0	0	-
渡　島 (57)	-	296	2,854	2,047	10	797	-	393	393	-
留　萌 (58)	-	458	-	-	-	-	-	-	-	-
石　狩 (59)	-	1,312	-	-	-	-	-	-	-	-
後　志 (60)	-	575	0	0	-	.	-	0	0	-
檜　山 (61)	-	3	-	-	-	-	-	-	-	-
青　森（太北） (62)	0	x	17,425	16,983	x	x.	-	2	2	-
（日北） (63)	0	x	1,678	1,667	0	11	-	184	184	0
兵　庫（日西） (64)	-	x	x	1	4	0	x	111	111	-
（瀬戸） (65)	103	-	15,957	62	1	1,389	14,505	1,165	487	678
和歌山（太南） (66)	x	-	529	141	112	32	244	1,474	756	719
（瀬戸） (67)	x	-	1,852	20	0	2	1,831	899	536	364
山　口（東シ） (68)	5	-	1,983	4	195	1,614	170	2,072	1,919	153
（瀬戸） (69)	37	-	2,334	0	-	2,333	-	154	152	2
徳　島（太南） (70)	x	-	207	127	32	48	-	113	106	6
（瀬戸） (71)	x	-	3,040	94	0	803	2,143	208	197	11
愛　媛（太南） (72)	-	-	23,604	17,665	2,540	3,031	369	4,268	3,937	331
（瀬戸） (73)	24	-	9,549	7	0	7,117	2,424	265	252	13
福　岡（東シ） (74)	184	-	103	25	31	48	-	1,031	845	186
（瀬戸） (75)	19	-	0	0	-	0	-	0	0	-
大　分（太南） (76)	25	-	5,039	221	2,202	1,418	1,197	3,124	2,941	183
（瀬戸） (77)	7	-	2,697	0	-	1,241	1,456	117	111	6

単位：t

さば類	さんま	ぶり類	ひらめ・かれい類			たら類			ほっけ	きちじ	
			小計	ひらめ	かれい類	小計	まだら	すけとうだら			
450,441	45,778	108,957	48,284	6,923	41,361	207,478	53,477	154,002	34,050	908	(1)
18,956	19,085	10,817	24,631	1,014	23,617	185,660	39,545	146,116	32,799	527	(2)
10,940	1,944	1,915	1,754	797	958	4,699	3,574	1,125	633	63	(3)
19,197	6,033	11,161	499	87	412	9,061	4,283	4,777	2	146	(4)
16,182	5,973	3,790	2,502	894	1,609	5,003	3,082	1,921	0	144	(5)
84	–	431	365	128	237	459	425	34	189	–	(6)
11	–	89	189	49	140	433	432	1	218	–	(7)
13,204	3,055	87	1,213	541	671	72	70	1	–	5	(8)
70,138	–	813	584	308	276	9	9	1	0	23	(9)
21,353	1,457	8,668	462	296	165	–	–	–	–	0	(10)
2	x	28	1,203	0	1,203	–	–	–	–	–	(11)
1,977	x	996	147	97	50	3	x	x	x	–	(12)
703	0	1,460	833	285	548	674	650	24	131	–	(13)
1,048	4,920	1,563	194	95	99	18	x	x	x	–	(14)
5,730	0	7,260	1,160	58	1,102	795	794	1	54	–	(15)
157	0	2,987	898	40	858	50	50	–	1	–	(16)
39,458	310	769	40	34	6	–	–	–	–	–	(17)
328	–	181	560	227	333	–	–	–	–	–	(18)
50,038	84	2,712	136	92	45	–	–	–	–	–	(19)
216	1	1,966	104	21	83	8	8	–	1	–	(20)
136	–	60	211	18	194	–	–	–	–	–	(21)
215	–	374	2,012	165	1,847	98	98	–	–	–	(22)
2,447	3	826	64	37	27	–	–	–	–	–	(23)
15,521	–	6,898	1,974	48	1,927	332	332	–	0	–	(24)
12,975	0	11,585	2,575	184	2,391	106	106	–	–	–	(25)
1	–	26	224	35	189	–	–	–	–	–	(26)
28	–	119	140	30	109	–	–	–	–	–	(27)
825	1	1,915	966	204	762	0	0	–	–	–	(28)
116	x	495	94	40	54	–	–	–	–	–	(29)
82	–	112	478	85	393	–	–	–	–	–	(30)
16,433	–	2,287	553	153	400	–	–	–	–	–	(31)
4,213	x	3,925	14	11	2	–	–	–	–	–	(32)
381	1	2,016	401	177	224	–	–	–	–	–	(33)
96	x	171	25	13	12	–	–	–	–	–	(34)
71,761	1,922	16,020	530	401	129	–	–	–	–	–	(35)
517	x	652	214	128	86	–	–	–	–	–	(36)
6,603	–	1,337	217	62	154	–	–	–	–	–	(37)
34,759	0	979	61	21	41	–	–	–	–	–	(38)
13,611	0	1,450	57	50	8	–	–	–	–	–	(39)
–	–	19	–	–	–	–	–	–	–	–	(40)
18,897	x	8,838	14,856	187	14,669	108,137	20,817	87,320	2,589	414	(41)
129,383	17,005	16,777	5,967	2,323	3,645	17,251	9,431	7,820	18	381	(42)
113,156	2,834	13,353	2,548	745	1,803	3	x	x	x	0	(43)
63,782	3	8,864	161	92	69	–	–	–	–	–	(44)
59	x	1,980	9,775	827	8,948	77,523	18,727	58,796	30,211	114	(45)
2,124	4,920	4,532	2,165	861	1,304	3,176	x	x	x	–	(46)
34,604	1	30,822	7,750	359	7,391	1,388	1,388	1	55	–	(47)
87,183	1,930	22,022	1,838	939	899	0	0	–	–	–	(48)
1,253	–	1,770	3,224	590	2,634	–	–	–	–	–	(49)
0	x	55	1,394	41	1,353	23,679	8,587	15,092	11,488	–	(50)
35	–	262	1,569	–	1,569	44,708	5,227	39,481	7,116	114	(51)
71	11,454	824	5,498	0	5,498	15,860	9,471	6,390	1,143	201	(52)
197	4,406	7	1,515	0	1,515	37,845	6,721	31,124	55	93	(53)
16	352	5	253	0	253	4,408	1,763	2,645	17	1	(54)
670	1,396	1,235	3,122	8	3,114	14,788	1,323	13,465	51	48	(55)
133	x	152	2,579	67	2,512	21,340	794	20,546	89	51	(56)
17,809	8	6,621	1,923	126	1,797	14,027	876	13,151	1,505	20	(57)
0	–	26	1,882	138	1,744	913	824	89	234	–	(58)
1	–	10	229	110	118	0	0	–	1	–	(59)
22	–	1,601	4,543	422	4,121	7,517	3,799	3,718	10,495	–	(60)
1	–	19	124	101	22	575	159	416	605	–	(61)
10,663	1,944	925	1,170	493	677	3,107	1,987	1,120	16	63	(62)
277	–	989	585	304	281	1,593	1,587	6	617	–	(63)
6	–	125	1,038	9	1,029	98	98	–	–	–	(64)
209	–	248	973	156	817	–	–	–	–	–	(65)
1,751	3	629	24	23	0	–	–	–	–	–	(66)
695	–	197	40	13	27	–	–	–	–	–	(67)
818	1	1,698	712	172	540	0	0	–	–	–	(68)
7	–	218	255	33	222	–	–	–	–	–	(69)
83	x	161	9	9	0	–	–	–	–	–	(70)
33	–	334	84	31	54	–	–	–	–	–	(71)
16,374	–	1,973	13	7	6	–	–	–	–	–	(72)
59	–	314	540	146	394	–	–	–	–	–	(73)
381	1	2,013	299	176	124	–	–	–	–	–	(74)
–	–	4	101	1	100	–	–	–	–	–	(75)
6,601	–	1,198	40	21	19	–	–	–	–	–	(76)
2	–	139	177	41	135	–	–	–	–	–	(77)

2 大海区都道府県振興局別統計（続き）
(2) 魚種別漁獲量（続き）

都道府県・ 大海区・振興局	魚							
					た　　　　　　　　い			
	はたはた	にぎす類	あなご類	たちうお	小　計	まだい	1)ちだい	1)きだい
全　　　　国　(1)	5,364	2,530	3,329	6,375	25,098	15,962	2,204	4,026
北　海　道　(2)	409	-	4	0	3	3	-	-
青　　森　(3)	426	-	11	1	468	457	6	-
岩　　手　(4)	-	-	62	3	54	15	38	-
宮　　城　(5)	-	0	316	120	175	132	13	-
秋　　田　(6)	783	17	0	-	174	158	7	4
山　　形　(7)	294	19	1	4	365	320	35	7
福　　島　(8)	-	-	203	5	85	24	59	-
茨　　城　(9)	-	1	226	28	187	106	78	-
千　　葉　(10)	-	-	103	282	395	236	81	0
東　　京　(11)	-	-	x	0	2	0	-	0
神　奈　川　(12)	x	-	137	217	161	68	30	0
新　　潟　(13)	251	267	2	13	656	469	137	29
富　　山　(14)	x	10	1	41	109	73	14	0
石　　川　(15)	565	960	13	5	623	424	53	98
福　　井　(16)	85	72	29	2	250	110	9	118
静　　岡　(17)	-	x	x	122	195	91	20	6
愛　　知　(18)	-	351	233	55	933	651	-	-
三　　重　(19)	-	x	16	362	324	226	14	8
京　　都　(20)	8	69	3	26	124	64	8	37
大　　阪　(21)	-	-	18	198	277	108	-	-
兵　　庫　(22)	1,206	150	170	369	1,640	1,337	13	27
和　歌　山　(23)	-	-	1	685	582	278	131	70
鳥　　取　(24)	1,259	128	20	2	212	125	83	2
島　　根　(25)	71	324	632	5	1,700	761	185	733
岡　　山　(26)	-	-	34	1	348	254	-	-
広　　島　(27)	-	-	34	131	615	375	43	-
山　　口　(28)	-	0	169	50	1,277	657	52	499
徳　　島　(29)	-	x	5	403	346	216	x	x
香　　川　(30)	-	-	55	28	597	412	0	-
愛　　媛　(31)	-	x	132	727	1,650	1,410	x	x
高　　知　(32)	-	x	1	83	354	111	38	65
福　　岡　(33)	-	-	153	49	2,744	2,045	362	173
佐　　賀　(34)	-	-	6	8	333	275	14	31
長　　崎　(35)	-	-	513	689	4,533	2,130	392	1,919
熊　　本　(36)	-	-	15	424	868	668	44	72
大　　分　(37)	-	-	5	541	660	501	52	1
宮　　崎　(38)	-	0	0	218	167	65	29	20
鹿　児　島　(39)	-	1	1	466	898	608	109	20
沖　　縄　(40)	-	-	-	9	11	-	1	6
北海道太平洋北区　(41)	339	-	4	0	2	2	-	-
太　平　洋　北　区　(42)	x	2	815	157	586	355	192	-
太　平　洋　中　区　(43)	x	363	496	1,039	2,011	1,272	145	14
太　平　洋　南　区　(44)	-	150	14	1,095	1,118	540	104	167
北海道日本海北区　(45)	70	-	-	-	1	1	-	-
日　本　海　北　区　(46)	1,761	312	6	59	1,688	1,399	196	39
日　本　海　西　区　(47)	3,194	1,703	717	40	2,968	1,511	341	1,015
東　シ　ナ　海　区　(48)	-	1	821	1,650	10,187	6,031	949	2,719
瀬　戸　内　海　区　(49)	-	-	455	2,336	6,537	4,851	277	71
宗　　谷　(50)	x	-	-	-	-	-	-	-
オ　ホ　ー　ツ　ク　(51)	5	-	-	-	-	-	-	-
根　　室　(52)	21	-	0	-	-	-	-	-
釧　　路　(53)	41	-	-	-	-	-	-	-
十　　勝　(54)	189	-	-	-	-	-	-	-
日　　高　(55)	36	-	-	-	0	0	-	-
胆　　振　(56)	36	-	x	-	-	-	-	-
渡　　島　(57)	16	-	x	0	2	2	-	-
留　　萌　(58)	23	-	-	-	-	-	-	-
石　　狩　(59)	22	-	-	-	0	0	-	-
後　　志　(60)	x	-	-	-	0	0	-	-
檜　　山　(61)	-	-	-	-	0	0	-	-
青　森（太北）(62)	x	-	8	1	85	78	3	-
（日北）(63)	x	-	3	0	383	379	3	-
兵　庫（日西）(64)	1,206	150	20	0	59	27	4	27
（瀬戸）(65)	-	-	150	369	1,582	1,310	9	-
和歌山（太南）(66)	-	-	-	123	41	15	x	x
（瀬戸）(67)	-	-	1	562	541	263	x	x
山　口（東シ）(68)	-	0	142	8	846	310	27	499
（瀬戸）(69)	-	-	27	42	431	347	25	-
徳　島（太南）(70)	-	x	1	178	89	17	5	48
（瀬戸）(71)	-	-	5	225	256	199	x	x
愛　媛（太南）(72)	-	x	11	162	219	157	x	x
（瀬戸）(73)	-	-	121	565	1,431	1,252	32	-
福　岡（東シ）(74)	-	-	144	46	2,698	2,040	362	173
（瀬戸）(75)	-	-	9	2	47	5	-	-
大　分（太南）(76)	-	-	2	331	247	175	16	1
（瀬戸）(77)	-	-	3	210	412	326	36	-

注：令和元年調査から、以下の魚種分類の見直しを行った。
　1)は、「ちだい・きだい」を細分化し、「ちだい」、「きだい」とした。
　2)は、「くろだい・へだい」を細分化し、「くろだい」、「へだい」とした。

単位：t

類		いさき	さわら類	すずき類	いかなご	あまだい類	ふぐ類	その他の魚類	
2)くろだい	2)へだい								
2,406	500	3,359	15,862	5,936	11,447	1,214	4,960	176,336	(1)
0	–	–	19	0	8,639	–	747	34,396	(2)
5	0	–	79	18	32	0	118	4,462	(3)
0	–	–	509	10	138	–	99	6,057	(4)
30	–	–	372	375	68	–	183	26,739	(5)
6	–	–	67	34	–	94	85	544	(6)
4	–	–	33	15	–	15	43	255	(7)
2	–	–	68	103	–	–	13	537	(8)
3	–	–	27	26	9	–	46	989	(9)
78	0	153	408	1,353	–	x	88	3,249	(10)
1	0	18	13	74	–	–	0	4,719	(11)
54	9	58	279	237	–	7	64	2,037	(12)
22	–	–	210	108	–	51	263	1,436	(13)
22	–	–	482	36	–	6	111	1,756	(14)
48	0	3	1,112	175	–	x	519	2,186	(15)
12	0	3	1,815	111	0	67	157	1,358	(16)
59	19	134	76	40	–	13	60	3,007	(17)
279	2	24	269	425	–	x	184	3,323	(18)
36	40	137	741	154	–	x	95	2,286	(19)
15	1	9	1,618	194	–	22	24	755	(20)
169	1	–	155	198	67	–	x	1,465	(21)
261	2	8	546	478	1,025	x	48	3,870	(22)
73	30	153	131	21	–	3	164	1,298	(23)
2	0	7	1,071	46	–	x	16	1,552	(24)
12	9	229	909	186	–	123	131	4,250	(25)
94	0	0	151	69	233	–	30	511	(26)
198	–	2	78	108	–	–	x	728	(27)
64	5	329	655	164	–	287	276	4,401	(28)
63	6	63	256	88	18	14	43	1,514	(29)
185	–	–	539	150	1,153	–	88	1,247	(30)
147	17	130	416	189	64	23	141	7,512	(31)
5	135	132	202	17	–	10	200	4,554	(32)
160	6	335	770	229	–	75	220	2,653	(33)
7	6	32	104	46	–	x	12	445	(34)
68	25	1,002	717	141	–	269	122	20,601	(35)
51	33	114	107	147	–	x	88	2,783	(36)
75	31	133	171	96	–	7	54	3,141	(37)
31	23	18	385	19	–	19	325	5,359	(38)
61	100	135	249	53	–	10	77	6,699	(39)
4	0	–	52	–	–	–	–	1,660	(40)
0	–	–	19	0	77	–	178	16,710	(41)
39	0	–	1,021	524	247	–	381	37,546	(42)
508	71	523	1,787	2,283	–	42	490	18,622	(43)
81	226	497	745	66	–	65	623	16,533	(44)
0	–	–	0	0	8,563	–	569	17,687	(45)
55	–	–	827	202	–	166	580	5,228	(46)
89	10	256	6,573	733	0	275	851	10,343	(47)
312	176	1,945	2,486	601	–	656	734	37,795	(48)
1,322	17	138	2,405	1,528	2,560	11	554	15,872	(49)
–	–	–	–	–	6,754	–	19	6,463	(50)
–	–	–	–	–	436	–	179	7,683	(51)
–	–	–	–	–	–	–	25	10,061	(52)
–	–	–	–	–	–	–	–	3,306	(53)
–	–	–	–	–	–	–	0	457	(54)
–	–	–	0	0	–	–	0	468	(55)
–	–	–	0	0	0	–	0	1,007	(56)
0	–	–	19	0	77	–	152	1,491	(57)
–	–	–	–	0	–	–	95	867	(58)
–	–	–	–	0	–	–	0	166	(59)
0	–	–	0	0	1,372	–	276	2,211	(60)
–	–	–	–	0	0	–	0	217	(61)
3	0	–	45	9	32	–	40	3,224	(62)
2	–	–	34	9	–	0	78	1,237	(63)
0	–	5	47	21	–	x	4	241	(64)
261	2	3	499	457	1,025	–	43	3,628	(65)
1	20	77	74	3	–	x	44	406	(66)
72	10	75	57	18	–	x	119	892	(67)
5	5	327	494	37	–	286	220	3,327	(68)
59	–	2	161	127	–	1	56	1,074	(69)
17	3	24	12	7	–	x	8	423	(70)
47	3	39	244	81	18	x	35	1,092	(71)
2	15	115	60	2	–	19	10	3,771	(72)
146	1	15	356	188	64	4	130	3,741	(73)
117	6	335	763	176	–	75	216	2,279	(74)
42	–	–	8	53	–	–	5	374	(75)
25	31	130	12	18	–	7	36	2,021	(76)
50	–	2	159	78	–	0	18	1,120	(77)

2　大海区都道府県振興局別統計（続き）
(2)　魚種別漁獲量（続き）

都道府県・大海区・振興局		え　び　類			か　に　類					おきあみ類
		計	いせえび	くるまえび	その他のえび類	計	ずわいがに	べにずわいがに	がざみ類	その他のかに類	
全　　　国	(1)	12,980	1,118	327	11,535	22,512	3,512	13,210	2,217	3,573	20,335
北　海　道	(2)	1,580	-	-	1,580	5,428	920	2,210	110	2,188	0
青　　森	(3)	29	-	0	29	579	-	311	84	184	-
岩　　手	(4)	0	0	-	0	67	-	-	12	55	10,519
宮　　城	(5)	4	-	0	4	442	2	11	334	94	9,816
秋　　田	(6)	58	-	1	57	990	17	966	2	5	-
山　　形	(7)	125	-	0	125	469	17	446	0	6	-
福　　島	(8)	4	4	0	0	41	7	0	31	2	-
茨　　城	(9)	51	24	11	15	17	x	4	x	1	-
千　　葉	(10)	217	198	2	17	27	-	-	17	10	-
東　　京	(11)	21	21	-	0	674	-	-	0	674	-
神　奈　川	(12)	32	24	1	8	15	x	-	x	14	-
新　　潟	(13)	421	-	1	420	2,168	162	1,976	7	22	-
富　　山	(14)	787	-	0	787	513	27	478	4	4	-
石　　川	(15)	993	-	0	992	1,267	280	961	0	26	-
福　　井	(16)	487	-	0	487	465	375	84	1	6	-
静　　岡	(17)	376	109	3	264	34	-	-	12	22	-
愛　　知	(18)	566	3	83	480	613	-	-	532	80	-
三　　重	(19)	358	288	4	66	40	-	-	29	11	-
京　　都	(20)	7	-	0	7	64	61	-	1	2	-
大　　阪	(21)	81	-	1	80	37	-	-	35	2	-
兵　　庫	(22)	1,118	9	8	1,101	2,788	791	1,908	87	2	-
和　歌　山	(23)	183	139	0	44	4	-	-	2	2	-
鳥　　取	(24)	172	-	0	172	2,878	722	2,153	0	2	-
島　　根	(25)	9	-	-	9	1,835	130	1,700	0	5	-
岡　　山	(26)	141	-	3	138	97	-	-	80	16	-
広　　島	(27)	83	-	3	80	41	-	-	34	7	-
山　　口	(28)	402	0	7	395	69	-	-	65	4	-
徳　　島	(29)	218	92	7	120	4	-	-	3	2	-
香　　川	(30)	346	-	14	332	82	-	-	70	12	-
愛　　媛	(31)	840	7	62	771	195	-	-	135	60	-
高　　知	(32)	47	38	0	8	4	-	-	2	3	-
福　　岡	(33)	236	0	34	202	215	-	-	209	5	-
佐　　賀	(34)	1,925	0	2	1,922	22	-	-	22	0	-
長　　崎	(35)	233	38	11	185	108	-	-	103	5	-
熊　　本	(36)	79	8	17	55	99	-	-	90	9	-
大　　分	(37)	269	8	50	211	91	-	-	77	15	-
宮　　崎	(38)	81	45	0	36	5	-	-	2	3	-
鹿　児　島	(39)	383	50	1	333	9	-	-	3	6	-
沖　　縄	(40)	17	14	-	3	12	-	-	7	5	-
北海道太平洋北区	(41)	271	-	-	271	1,571	242	10	60	1,259	0
太　平　洋　北　区	(42)	59	28	11	19	665	x	15	x	173	20,335
太　平　洋　中　区	(43)	1,569	641	93	835	1,403	x	-	x	811	-
太　平　洋　南　区	(44)	410	293	20	98	26	-	-	9	16	-
北海道日本海北区	(45)	1,309	-	-	1,309	3,857	677	2,201	49	930	-
日　本　海　北　区	(46)	1,421	-	3	1,418	4,622	224	4,177	19	202	-
日　本　海　西　区	(47)	2,429	-	1	2,428	9,211	2,358	6,807	2	43	-
東　シ　ナ　海　区	(48)	2,800	109	53	2,638	367	-	-	336	31	-
瀬　戸　内　海　区	(49)	2,712	46	147	2,519	789	-	-	681	109	-
宗　　谷	(50)	38	-	-	38	1,276	187	450	-	640	-
オ　ホ　ー　ツ　ク	(51)	4	-	-	4	759	486	-	-	273	-
根　　室	(52)	105	-	-	105	663	-	-	-	663	-
釧　　路	(53)	37	-	-	37	231	0	4	-	227	0
十　　勝	(54)	0	-	-	0	137	-	-	-	137	-
日　　高	(55)	3	-	-	3	102	0	5	0	96	-
胆　　振	(56)	15	-	-	15	80	9	-	23	48	-
渡　　島	(57)	123	-	-	123	908	234	550	38	87	-
留　　萌	(58)	944	-	-	944	2	0	-	0	1	-
石　　狩	(59)	-	-	-	-	17	-	-	7	10	-
後　　志	(60)	292	-	-	292	720	3	669	42	6	-
檜　　山	(61)	19	-	-	19	531	-	531	0	-	-
青　森（太　北）	(62)	0	-	-	0	98	-	-	78	20	-
（日　北）	(63)	29	-	0	29	482	-	311	6	164	-
兵　庫（日　西）	(64)	760	-	-	760	2,701	791	1,908	-	2	-
（瀬　戸）	(65)	358	9	8	341	87	-	-	87	0	-
和歌山（太　南）	(66)	134	132	x	x	3	-	-	1	2	-
（瀬　戸）	(67)	49	7	x	x	1	-	-	1	0	-
山　口（東　シ）	(68)	41	-	2	39	6	-	-	5	1	-
（瀬　戸）	(69)	362	0	5	357	62	-	-	59	2	-
徳　島（太　南）	(70)	69	68	x	x	1	-	-	0	1	-
（瀬　戸）	(71)	149	24	x	x	3	-	-	3	1	-
愛　媛（太　南）	(72)	40	1	1	38	7	-	-	5	2	-
（瀬　戸）	(73)	800	6	61	732	189	-	-	131	58	-
福　岡（東　シ）	(74)	122	0	20	102	111	-	-	106	5	-
（瀬　戸）	(75)	113	-	13	100	104	-	-	104	-	-
大　分（太　南）	(76)	39	8	18	13	5	-	-	0	5	-
（瀬　戸）	(77)	230	0	32	198	86	-	-	76	9	-

単位：t

貝　　　　　類						い　　か　　類				
計	あわび類	さざえ	あさり類	ほたてがい	その他の貝　類	計	するめいか	あかいか	その他のいか類	
386,257	829	5,413	7,976	339,435	32,604	72,974	39,587	6,972	26,415	(1)
351,917	42	3	1,360	338,618	11,893	13,523	12,501	357	665	(2)
1,871	26	16	2	817	1,010	17,350	10,557	5,659	1,134	(3)
267	145	-	7	-	115	2,563	2,017	1	545	(4)
447	55	-	28	0	363	3,459	1,258	130	2,072	(5)
241	10	81	-	-	150	135	98	-	36	(6)
233	3	83	-	-	147	519	496	-	23	(7)
199	2	-	11	-	186	541	415	-	126	(8)
390	18	-	3	-	369	1,336	700	0	636	(9)
4,789	86	231	65	-	4,407	1,008	618	0	390	(10)
70	0	8	48	-	14	65	-	-	65	(11)
212	6	191	0	-	14	582	66	381	134	(12)
768	14	415	-	-	339	971	814	-	157	(13)
202	2	10	-	-	191	2,237	1,508	-	729	(14)
490	5	254	1	-	230	2,636	2,350	-	286	(15)
243	15	66	-	-	161	1,725	657	-	1,068	(16)
1,073	19	155	872	-	27	181	123	-	58	(17)
7,739	1	42	3,880	-	3,816	583	84	-	499	(18)
3,506	62	465	29	-	2,949	178	63	-	115	(19)
282	x	136	x	-	137	281	21	-	260	(20)
35	0	1	-	-	34	88	-	-	88	(21)
281	19	113	1	-	149	5,225	360	-	4,865	(22)
56	7	18	-	-	31	208	24	-	184	(23)
492	11	127	-	-	354	2,637	x	x	1,260	(24)
957	x	435	x	-	499	1,729	854	-	875	(25)
189	0	4	0	-	185	144	-	-	144	(26)
275	1	37	56	-	181	129	0	0	128	(27)
1,213	43	697	6	-	467	978	190	-	788	(28)
123	31	30	3	-	60	211	26	-	185	(29)
186	1	8	-	-	177	272	0	-	272	(30)
418	48	303	0	-	66	1,648	347	-	1,301	(31)
34	0	-	1	-	34	118	46	-	72	(32)
2,385	55	208	1,100	-	1,022	950	79	-	871	(33)
2,184	11	69	2	-	2,102	465	196	-	269	(34)
1,281	37	968	158	-	118	4,792	2,112	-	2,680	(35)
401	3	3	339	-	57	255	6	-	248	(36)
454	17	233	4	-	200	623	39	-	584	(37)
51	1	4	-	-	47	117	14	-	103	(38)
121	1	1	-	-	119	447	x	x	432	(39)
183	-	-	-	-	183	2,066	-	-	2,066	(40)
49,672	18	-	1,360	37,410	10,885	9,615	8,816	261	538	(41)
2,488	237	1	49	217	1,985	22,909	13,269	5,790	3,851	(42)
17,388	174	1,092	4,895	-	11,226	2,596	953	382	1,261	(43)
537	38	232	1	-	266	1,102	475	-	627	(44)
302,245	25	3	1	301,208	1,009	3,908	3,685	96	127	(45)
2,130	38	604	2	600	886	6,204	4,596	-	1,609	(46)
2,651	67	1,084	1	-	1,499	13,326	x	x	7,708	(47)
7,512	146	1,881	1,584	-	3,902	9,528	x	x	6,928	(48)
1,634	86	516	85	-	948	3,787	20	0	3,766	(49)
152,875	10	-	0	152,658	207	399	399	-	0	(50)
149,142	-	-	0	148,550	592	1,004	1,002	-	1	(51)
39,367	-	-	352	37,328	1,688	3,336	3,119	-	217	(52)
3,427	-	-	1,007	31	2,389	177	137	-	40	(53)
1,252	-	-	-	-	1,252	300	138	-	161	(54)
2,279	-	-	-	-	2,279	291	287	-	4	(55)
2,241	2	-	1	50	2,188	749	742	2	4	(56)
1,109	16	3	1	0	1,089	5,275	4,708	355	212	(57)
101	2	-	-	-	99	49	40	-	9	(58)
30	0	-	-	-	30	0	0	-	0	(59)
64	8	-	-	-	56	1,005	995	-	9	(60)
28	3	-	-	-	25	938	933	-	5	(61)
1,186	17	1	-	217	951	15,009	8,878	5,659	472	(62)
685	9	15	2	600	59	2,342	1,679	-	662	(63)
189	5	66	-	-	118	4,318	360	-	3,958	(64)
93	14	47	1	-	31	907	-	-	907	(65)
45	5	13	-	-	27	47	23	-	24	(66)
11	2	5	-	-	4	161	1	-	160	(67)
1,022	39	633	-	-	350	793	190	-	603	(68)
191	4	65	6	-	116	185	-	-	185	(69)
58	20	14	-	-	24	45	9	-	36	(70)
65	12	16	3	-	35	166	17	-	149	(71)
40	2	32	0	-	6	554	347	-	207	(72)
377	46	270	0	-	61	1,095	-	-	1,095	(73)
2,320	55	208	1,084	-	973	710	79	-	631	(74)
65	0	-	16	-	49	240	-	-	240	(75)
307	11	169	-	-	128	222	37	-	185	(76)
147	6	64	4	-	73	401	2	-	399	(77)

2 大海区都道府県振興局別統計（続き）
(2) 魚種別漁獲量（続き）

単位：t

都道府県・大海区・振興局	たこ類	3)なまこ類	うに類	海産ほ乳類	その他の水産動物類	海藻類 計	こんぶ類	その他の海藻類
全　　　国　(1)	35,175	6,611	7,906	466	4,887	66,841	46,543	20,297
北　海　道　(2)	23,357	2,255	4,554	7	553	44,996	44,711	284
青　　　森　(3)	1,228	754	652	13	106	1,596	1,118	478
岩　　　手　(4)	1,007	83	922	127	66	1,034	714	320
宮　　　城　(5)	1,083	161	472	10	49	134	－	134
秋　　　田　(6)	174	29	－	0	－	51	－	51
山　　　形　(7)	26	16	0	－	1	11	－	11
福　　　島　(8)	298	37	3	－	0	－	－	－
茨　　　城　(9)	509	6	1	－	35	8	－	8
千　　　葉　(10)	159	115	0	6	2	720	－	720
東　　　京　(11)	1	0	－	－	14	73	－	73
神　奈　川　(12)	187	119	0	－	0	268	－	268
新　　　潟　(13)	167	133	0	2	3	184	－	184
富　　　山　(14)	44	5	0	21	0	36	－	36
石　　　川　(15)	201	209	0	26	1	77	－	77
福　　　井　(16)	159	104	1	5	－	45	・	45
静　　　岡　(17)	15	25	0	1	2	289	－	289
愛　　　知　(18)	520	122	3	－	102	6,367	－	6,367
三　　　重　(19)	183	112	4	8	4	805	－	805
京　　　都　(20)	43	117	5	x	x	57	－	57
大　　　阪　(21)	67	36	－	－	26	2	－	2
兵　　　庫　(22)	1,283	305	30	－	27	291	－	291
和　歌　山　(23)	34	24	4	170	0	355	－	355
鳥　　　取　(24)	90	25	12	－	0	112	－	112
島　　　根　(25)	82	93	24	x	x	412	－	412
岡　　　山　(26)	178	96	－	－	146	2	－	2
広　　　島　(27)	355	127	0	－	14	425	－	425
山　　　口　(28)	354	529	238	20	2	563	－	563
徳　　　島　(29)	112	64	24	－	1	343	－	343
香　　　川　(30)	566	86	0	－	2	5	－	5
愛　　　媛　(31)	244	94	29	－	147	1,559	－	1,559
高　　　知　(32)	9	1	8	23	2	77	－	77
福　　　岡　(33)	937	141	204	－	1,018	787	－	787
佐　　　賀　(34)	27	22	59	－	2,505	58	－	58
長　　　崎　(35)	544	185	210	11	34	1,261	－	1,261
熊　　　本　(36)	414	45	185	－	19	886	－	886
大　　　分　(37)	349	302	46	－	4	2,419	－	2,419
宮　　　崎　(38)	8	1	27	4	1	6	－	6
鹿　児　島　(39)	85	27	187	1	0	411	－	411
沖　　　縄　(40)	76	5	0	2	1	118	－	118
北海道太平洋北区　(41)	11,863	941	2,236	7	385	41,998	41,762	236
太　平　洋　北　区　(42)	3,909	316	2,005	150	233	2,527	1,826	701
太　平　洋　中　区　(43)	1,066	493	7	15	124	8,522	－	8,522
太　平　洋　南　区　(44)	108	91	104	197	4	1,813	－	1,813
北海道日本海北区　(45)	11,494	1,314	2,318	－	168	2,997	2,949	48
日　本　海　北　区　(46)	626	909	45	24	25	527	6	521
日　本　海　西　区　(47)	596	558	43	38	2	725	－	725
東　シ　ナ　海　区　(48)	2,015	452	1,058	34	3,509	3,832	－	3,832
瀬　戸　内　海　区　(49)	3,498	1,536	89	－	436	3,899	－	3,899
宗　　　谷　(50)	4,223	782	867	－	3	2,106	2,076	30
オ　ホ　ー　ツ　ク　(51)	2,926	－	229	－	82	641	641	0
根　　　室　(52)	3,740	446	591	－	259	10,804	10,785	19
釧　　　路　(53)	3,006	1	283	1	4	16,767	16,764	3
十　　　勝　(54)	345	－	19	－	－	421	411	11
日　　　高　(55)	2,247	80	142	－	10	12,567	12,478	90
胆　　　振　(56)	551	64	200	1	2	19	16	2
渡　　　島　(57)	2,098	364	1,127	6	110	1,583	1,472	112
留　　　萌　(58)	2,186	245	246	－	2	13	13	0
石　　　狩　(59)	148	47	5	－	30	3	3	0
後　　　志　(60)	1,609	159	482	－	47	41	30	11
檜　　　山　(61)	279	67	362	－	3	30	24	6
青　森（太北）　(62)	1,012	30	607	13	84	1,351	1,112	239
（日北）　(63)	216	725	45	－	22	244	6	239
兵　庫（日西）　(64)	21	9	0	－	0	22	－	22
（瀬戸）　(65)	1,262	295	30	－	27	269	－	269
和歌山（太南）　(66)	7	9	2	170	0	193	－	193
（瀬戸）　(67)	26	15	3	－	0	162	－	162
山　口（東シ）　(68)	49	86	213	20	0	314	－	314
（瀬戸）　(69)	306	443	25	－	1	249	－	249
徳　島（太南）　(70)	16	9	14	－	－	150	－	150
（瀬戸）　(71)	95	54	11	－	1	193	－	193
愛　媛（太南）　(72)	21	17	12	－	1	598	－	598
（瀬戸）　(73)	223	76	17	－	146	961	－	961
福　岡（東シ）　(74)	819	82	204	－	950	785	－	785
（瀬戸）　(75)	118	58	－	－	68	3	－	3
大　分（太南）　(76)	47	54	42	－	－	790	－	790
（瀬戸）　(77)	302	248	4	－	4	1,628	－	1,628

3)は、「その他の水産動物類」から、「なまこ類」を分離した。

(3)　魚種別漁獲量（さけ・ます類細分類）

単位：t

| さけ・ます類細分類 | | | | ます類 | | |
| さけ類 | | | | | | |
べにざけ	しろざけ	ぎんざけ	ますのすけ	からふとます	さくらます	
5	56,419	3	10	2,258	1,633	(1)
5	51,245	1	8	2,248	1,256	(2)
-	2,156	0	1	3	243	(3)
-	1,913	0	1	6	81	(4)
-	552	2	1	0	12	(5)
-	188	-	-	0	15	(6)
-	143	-	-	-	6	(7)
-	1	-	-	-	-	(8)
-	1	-	-	-	0	(9)
-	-	-	-	-	-	(10)
-	-	-	-	-	-	(11)
-	0	-	-	-	0	(12)
-	196	0	-	-	11	(13)
-	13	-	-	-	4	(14)
-	4	-	-	-	3	(15)
-	5	-	-	-	3	(16)
-	-	-	-	-	-	(17)
-	-	-	-	-	-	(18)
-	-	-	-	-	-	(19)
x	x	x	x	x	x	(20)
-	-	-	-	-	-	(21)
x	x	x	x	x	x	(22)
-	-	-	-	-	-	(23)
-	-	-	-	-	-	(24)
-	-	-	-	-	-	(25)
-	-	-	-	-	-	(26)
-	-	-	-	-	-	(27)
-	0	-	-	-	-	(28)
-	-	-	-	-	-	(29)
-	-	-	-	-	-	(30)
-	-	-	-	-	-	(31)
-	-	-	-	-	-	(32)
-	-	-	-	-	-	(33)
-	-	-	-	-	-	(34)
-	-	-	-	-	-	(35)
-	-	-	-	-	-	(36)
-	-	-	-	-	-	(37)
-	-	-	-	-	-	(38)
-	-	-	-	-	-	(39)
-	-	-	-	-	-	(40)
5	21,516	1	8	789	881	(41)
-	4,546	2	2	9	316	(42)
-	0	-	-	-	0	(43)
-	-	-	-	-	-	(44)
0	29,728	0	0	1,460	375	(45)
-	617	0	-	0	55	(46)
-	11	-	-	-	7	(47)
-	0	-	-	-	-	(48)
-	-	-	-	-	-	(49)
-	5,765	0	0	172	86	(50)
0	20,487	0	0	1,287	140	(51)
3	9,794	1	4	421	125	(52)
1	1,215	0	2	199	114	(53)
0	2,037	0	0	61	5	(54)
0	4,583	0	1	52	192	(55)
0	2,447	0	1	55	167	(56)
0	1,464	0	0	1	283	(57)
-	981	-	-	-	4	(58)
-	834	-	-	-	3	(59)
-	1,316	-	-	0	92	(60)
-	322	-	-	0	44	(61)
-	2,079	0	1	3	224	(62)
-	77	-	-	0	19	(63)
x	x	x	x	x	x	(64)
-	-	-	-	-	-	(65)
-	-	-	-	-	-	(66)
-	-	-	-	-	-	(67)
-	0	-	-	-	-	(68)
-	-	-	-	-	-	(69)
-	-	-	-	-	-	(70)
-	-	-	-	-	-	(71)
-	-	-	-	-	-	(72)
-	-	-	-	-	-	(73)
-	-	-	-	-	-	(74)
-	-	-	-	-	-	(75)
-	-	-	-	-	-	(76)
-	-	-	-	-	-	(77)

〔海面養殖業の部〕

1　全国年次別統計（平成21年〜令和元年）
養殖魚種別収獲量（種苗養殖を除く。）

年　　次		計	魚									類	貝	
			小　計	ぎんざけ	ぶり類	まあじ	しまあじ	まだい	ひらめ	ふぐ類	くろまぐろ	1その他の魚類	小　計	ほたてがい
平成 21年	(1)	1,202,072	264,766	15,770	154,943	1,682	2,522	70,959	4,654	4,680	…	9,557	468,100	256,695
22	(2)	1,111,338	245,712	14,766	138,936	1,471	2,795	67,607	3,977	4,410	…	11,751	420,732	219,649
23	(3)	868,720	231,606	116	146,240	1,094	3,082	61,186	3,475	3,724	…	12,689	284,929	118,425
24	(4)	1,039,504	250,472	9,728	160,215	1,093	3,131	56,653	3,125	4,179	9,639	2,709	345,913	184,287
25	(5)	997,097	243,670	12,215	150,387	957	3,155	56,861	2,501	4,965	10,396	2,234	332,440	167,844
26	(6)	987,639	237,964	12,802	134,608	836	3,186	61,702	2,607	4,902	14,713	2,607	368,714	184,588
27	(7)	1,069,017	246,089	13,937	140,292	811	3,352	63,605	2,545	4,012	14,825	2,709	413,028	248,209
28	(8)	1,032,537	247,593	13,208	140,868	740	3,941	66,965	2,309	3,491	13,413	2,659	373,956	214,571
29	(9)	986,056	247,633	15,648	138,999	810	4,435	62,850	2,250	3,924	15,858	2,859	309,437	135,090
30	(10)	1,004,871	249,491	18,053	138,229	848	4,763	60,736	2,186	4,166	17,641	2,868	351,104	173,959
令和 元	(11)	915,228	248,137	15,938	136,367	839	4,409	62,301	2,006	3,824	19,584	2,869	306,561	144,466

注：　平成23年は、東日本大震災の影響により、岩手県、宮城県及び福島県においてデータを消失した調査対象があり、消失したデータは含まない数値である。
　　　1)は、平成20年〜23年までくろまぐろを含む。

単位：t

類		くるまえび	ほや類	その他の水産動物類	海　藻　類						真珠（浜揚量）	
かき類	その他の貝類				小　計	こんぶ類	わかめ類	のり類（生重量）	もずく類	その他の海藻類		
210,188	1,216	1,657	10,937	164	456,426	40,397	61,215	342,620	11,908	286	22	(1)
200,298	784	1,634	10,272	171	432,796	43,251	52,393	328,700	8,100	352	21	(2)
165,910	594	1,598	693	137	349,738	25,095	18,751	292,345	13,151	395	20	(3)
161,116	511	1,596	610	138	440,754	34,147	48,343	341,580	16,263	421	20	(4)
164,139	457	1,596	889	114	418,366	35,410	50,614	316,228	15,469	644	20	(5)
183,685	440	1,582	5,344	108	373,909	32,897	44,716	276,129	19,448	718	20	(6)
164,380	439	1,314	8,288	98	400,181	38,671	48,951	297,370	14,574	614	20	(7)
158,925	460	1,381	18,271	106	391,210	27,068	47,672	300,683	15,225	560	20	(8)
173,900	447	1,354	19,639	137	407,835	32,463	51,114	304,308	19,392	557	20	(9)
176,698	448	1,478	11,962	168	390,647	33,532	50,775	283,688	22,036	616	21	(10)
161,646	449	1,458	12,484	179	346,389	32,812	45,099	251,362	16,470	646	19	(11)

2　都道府県別統計
(1)　養殖魚種別収獲量（種苗養殖を除く。）

都道府県			合　計	魚		ぶ　　り　　類				まあじ	しまあじ
				計	ぎんざけ	小　計	ぶ　り	かんぱち	その他の ぶり類		
全	国	(1)	915,228	248,137	15,938	136,367	104,055	28,494	3,819	839	4,409
北　海	道	(2)	75,304	-	-	-	-	-	-	-	-
青	森	(3)	99,138	180	-	-	-	-	-	-	-
岩	手	(4)	29,570	x	x	-	-	-	-	-	-
宮	城	(5)	75,268	14,310	14,179	-	-	-	-	-	-
秋	田	(6)	166	-	-	-	-	-	-	-	-
山	形	(7)		-	-	-	-	-	-	-	-
福	島	(8)	125	-	-	-	-	-	-	-	-
茨	城	(9)	x	-	-	-	-	-	-	-	-
千	葉	(10)	5,702	x	x	-	-	-	-	-	x
東	京	(11)	x	x	-	-	-	-	-	-	x
神　奈	川	(12)	946	-	-	-	-	-	-	-	-
新	潟	(13)	1,071	463	x	-	-	-	-	-	-
富	山	(14)	14	13	-	-	-	-	-	-	-
石	川	(15)	1,591	x	-	-	-	-	-	-	-
福	井	(16)	285	x	-	-	-	-	-	-	-
静	岡	(17)	2,403	1,656	-	215	215	-	-	513	56
愛	知	(18)	9,744	-	-	-	-	-	-	-	-
三	重	(19)	20,321	7,831	-	x	1,951	x	-	3	196
京	都	(20)	777	459	-	32	23	10	-	-	-
大	阪	(21)	410	x	-	x	x	-	-	-	-
兵	庫	(22)	64,585	x	-	x	x	-	-	-	-
和　歌	山	(23)	3,056	2,970	-	x	x	x	x	-	36
鳥	取	(24)	1,335	1,328	x	-	-	-	-	-	-
島	根	(25)	361	x	-	-	-	-	-	-	-
岡	山	(26)	18,893	x	-	-	-	-	-	-	-
広	島	(27)	101,952	352	-	101	101	-	-	x	-
山	口	(28)	1,233	359	-	46	x	-	x	x	-
徳	島	(29)	10,492	3,867	-	3,754	3,558	196	-	-	-
香	川	(30)	20,049	8,744	-	7,810	5,908	1,903	-	-	x
愛	媛	(31)	64,207	60,776	69	20,798	16,508	3,965	325	80	1,969
高	知	(32)	20,008	19,777	-	10,991	8,329	x	x	-	411
福	岡	(33)	41,237	x	-	-	-	-	-	x	-
佐	賀	(34)	66,913	1,392	-	885	x	x	-	16	-
長	崎	(35)	24,468	21,461	x	9,382	7,668	220	1,494	x	137
熊	本	(36)	49,449	15,650	x	4,862	4,152	710	-	50	791
大	分	(37)	24,195	23,719	-	20,230	17,766	1,946	518	x	637
宮	崎	(38)	13,038	12,973	-	11,596	9,638	1,958	-	120	125
鹿　児	島	(39)	48,942	47,818	-	43,039	26,654	15,096	1,290	x	x
沖	縄	(40)	17,977	614	-	-	-	-	-	-	-

注：令和元年調査から、振興局別及び大海区別の公表を廃止した。

1)は、令和元年調査から、魚種分類の見直しを行ったため、「真円真珠（大玉、中玉、小玉、厘玉）」、「半円真珠」を統合し、「真珠」とした。

	類				貝		類		
まだい	ひらめ	ふぐ類	くろまぐろ	その他の魚類	計	ほたてがい	かき類	その他の貝類	
62,301 t	2,006 t	3,824 t	19,584 t	2,869 t	306,561 t	144,466 t	161,646 t	449 t	(1)
-	-	-	-	-	44,961	40,884	4,075	2	(2)
-	-	-	-	180	98,448	98,448	-	0	(3)
-	-	-	-	-	8,193	x	6,341	x	(4)
-	-	-	-	131	24,749	3,343	21,406	-	(5)
-	-	-	-	-	x	-	-	x	(6)
-	-	-	-	-	-	-	-	-	(7)
-	-	-	-	-	x	-	-	x	(8)
x	-	-	-	x	x	-	-	x	(9)
x	-	-	-	-	-	-	-	-	(10)
									(11)
-	-	-	-	-	x	x	x	-	(12)
-	-	-	-	x	574	-	574	-	(13)
-	x	x	-	x	-	-	-	-	(14)
-	-	-	-	x	1,578	-	1,574	3	(15)
64	-	115	-	x	15	-	15	-	(16)
821	x	-	-	x	272	-	272	-	(17)
-	x	-	-	-	x	-	x	-	(18)
3,809	x	-	1,390	259	3,374	-	3,332	42	(19)
9	x	x	x	x	265	-	224	40	(20)
x	-	-	-	x	x	-	x	-	(21)
x	-	140	-	44	7,364	-	7,361	3	(22)
1,782	x	x	1,080	24	15	-	9	6	(23)
-	8	x	-	13	x	-	x	x	(24)
-	-	-	-	x	208	-	197	11	(25)
-	x	-	-	x	12,167	-	12,166	1	(26)
205	x	-	-	38	99,145	-	99,144	0	(27)
x	17	115	x	x	21	-	21	-	(28)
x	-	-	-	x	x	-	44	x	(29)
403	x	187	-	308	x	-	697	x	(30)
35,350	304	130	1,266	812	655	-	628	27	(31)
6,334	-	x	2,017	x	7	-	-	7	(32)
x	-	-	-	x	1,770	-	1,770	-	(33)
216	-	267	-	9	254	-	250	3	(34)
2,368	130	1,801	7,188	405	1,369	-	1,281	88	(35)
8,338	x	639	x	20	129	-	69	60	(36)
422	642	284	1,282	x	x	-	143	x	(37)
949	83	x	-	x	44	-	41	3	(38)
911	445	x	3,362	11	17	-	x	x	(39)
x	x	-	533	67	6	-	-	6	(40)

2　都道府県別統計（続き）
(1)　養殖魚種別収穫量（種苗養殖を除く。）（続き）

都道府県	くるまえび	ほや類	その他の水産動物類	計	こんぶ類	わかめ類	海藻 のり 小計	板のり くろのり	まぜのり	藻り あおのり
	t	t	t	t	t	t	t	t	t	t
全　　国　(1)	1,458	12,484	179	346,389	32,812	45,099	251,362	241,726	540	356
北海道　(2)	-	5,812	58	24,473	23,913	x	x	x	-	-
青森　(3)	-	x	x	55	2	53	-	-	-	-
岩手　(4)	-	x	-	20,315	7,666	12,647	-	-	-	-
宮城　(5)	-	5,163	-	31,047	1,122	18,309	11,616	11,248	-	-
秋田　(6)	-	-	-	x	x	160	-	-	-	-
山形　(7)	-	-	-	-	-	-	-	-	-	-
福島　(8)	-	-	-	125	-	-	125	-	-	-
茨城　(9)	-	-	-	-	-	-	-	-	-	-
千葉　(10)	-	-	-	5,551	-	x	x	5,207	x	x
東京　(11)	-	-	-	-	-	-	-	-	-	-
神奈川　(12)	-	-	-	x	68	546	x	x	-	-
新潟　(13)	-	-	-	34	x	x	-	-	-	-
富山　(14)	-	-	-	1	-	1	-	-	-	-
石川　(15)	x	-	-	7	-	7	-	-	-	-
福井　(16)	-	-	-	14	-	14	-	-	-	-
静岡　(17)	-	-	-	474	x	47	427	-	-	44
愛知　(18)	-	-	-	9,648	-	245	9,403	8,657	x	x
三重　(19)	-	-	-	9,112	-	x	8,322	4,388	-	-
京都　(20)	x	-	-	x	-	43	x	-	-	-
大阪　(21)	-	-	-	350	x	268	x	70	-	-
兵庫　(22)	x	-	-	56,382	-	3,289	53,093	53,093	-	-
和歌山　(23)	x	-	-	x	-	69	x	-	-	-
鳥取　(24)	-	-	-	x	-	x	-	-	-	-
島根　(25)	-	-	-	x	x	151	-	-	-	-
岡山　(26)	-	-	x	6,724	-	57	6,667	6,511	-	-
広島　(27)	x	-	x	2,450	x	97	2,352	2,349	-	-
山口　(28)	96	-	-	758	-	163	537	419	-	-
徳島　(29)	x	-	-	6,578	x	5,975	x	543	-	-
香川　(30)	x	-	-	10,587	1	31	10,555	10,264	-	-
愛媛　(31)	x	-	x	2,750	-	4	2,732	1,391	-	-
高知　(32)	-	-	49	x	-	-	x	-	-	-
福岡　(33)	-	-	-	39,458	-	x	39,340	39,327	-	-
佐賀　(34)	x	-	x	65,241	-	37	65,203	65,187	-	-
長崎　(35)	92	-	-	1,541	17	1,021	410	379	-	-
熊本　(36)	259	-	1	33,409	-	327	33,082	32,268	-	-
大分　(37)	x	-	-	138	-	x	x	40	-	-
宮崎　(38)	x	-	-	x	-	x	x	-	-	-
鹿児島　(39)	308	-	x	736	-	x	637	49	-	-
沖縄　(40)	485	-	x	16,870	-	-	78	-	-	-

類				1)真珠	
類					
ばらのり	生のり類	もずく類	その他の海藻類		
t	t	t	t	kg	
7,163	1,576	16,470	646	18,755	(1)
–	–	–	–	–	(2)
–	–	–	–	–	(3)
–	–	–	1	–	(4)
x	x	–	–	–	(5)
–	–	–	–	–	(6)
–	–	–	–	–	(7)
69	56	–	–	–	(8)
–	–	–	–	–	(9)
–	x	–	–	–	(10)
–	–	–	–	–	(11)
–	–	–	–	–	(12)
–	–	–	–	–	(13)
–	–	–	–	–	(14)
–	–	–	–	–	(15)
–	–	–	–	x	(16)
–	383	–	x	–	(17)
205	27	–	–	–	(18)
3,934	–	–	x	3,546	(19)
–	–	–	x	–	(20)
–	x	–	–	–	(21)
–	–	–	–	–	(22)
–	–	–	x	–	(23)
–	–	–	–	–	(24)
–	–	–	–	–	(25)
155	–	–	–	–	(26)
x	x	–	x	x	(27)
x	x	–	58	–	(28)
x	–	–	–	x	(29)
208	83	–	–	–	(30)
1,341	–	–	14	7,830	(31)
–	x	–	–	x	(32)
–	13	x	–	x	(33)
13	4	–	–	113	(34)
20	11	–	93	6,006	(35)
466	348	–	–	632	(36)
–	x	–	63	281	(37)
–	–	–	–	–	(38)
583	5	x	18	x	(39)
–	78	16,402	391	x	(40)

2　都道府県別統計（続き）
（2）　かき類、のり類収獲量（種苗養殖を除く。）
ア　かき類

都道府県			収　獲　量		半　期　別　収　獲　量			
			暦年（1〜12月）	1)養殖年（7〜翌年6月）	1〜6月	7〜12月	1)翌年1〜6月
			t	t	t	t	t
全	国	(1)	161,646	156,881	122,420	39,226	117,654
北　海	道	(2)	4,075	2,775	2,393	1,682	1,093
青　森		(3)	-	-	-	-	-
岩　手		(4)	6,341	6,189	3,363	2,978	3,211
宮　城		(5)	21,406	19,132	10,458	10,947	8,185
秋　田		(6)	-	-	-	-	-
山　形		(7)	-	-	-	-	-
福　島		(8)	-	-	-	-	-
茨　城		(9)	-	-	-	-	-
千　葉		(10)	-	-	-	-	-
東　京		(11)	-	-	-	-	-
神　奈　川		(12)	x	x	x	-	x
新　潟		(13)	574	646	378	196	450
富　山		(14)	-	-	-	-	-
石　川		(15)	1,574	1,272	1,513	62	1,210
福　井		(16)	15	32	10	5	27
静　岡		(17)	272	204	208	64	139
愛　知		(18)	x	x	x	x	x
三　重		(19)	3,332	2,627	2,426	907	1,721
京　都		(20)	224	284	105	120	165
大　阪		(21)	x	x	x	x	x
兵　庫		(22)	7,361	9,337	4,831	2,530	6,807
和　歌　山		(23)	9	8	6	3	4
鳥　取		(24)	x	x	x	x	x
島　根		(25)	197	106	158	39	67
岡　山		(26)	12,166	15,525	8,811	3,356	12,169
広　島		(27)	99,144	94,405	84,752	14,393	80,012
山　口		(28)	21	21	15	7	15
徳　島		(29)	44	45	30	14	31
香　川		(30)	697	838	400	297	541
愛　媛		(31)	628	220	490	138	82
高　知		(32)	-	-	-	-	-
福　岡		(33)	1,770	1,606	1,035	735	872
佐　賀		(34)	250	240	125	125	115
長　崎		(35)	1,281	1,122	768	514	609
熊　本		(36)	69	71	48	21	50
大　分		(37)	143	121	70	73	48
宮　崎		(38)	41	40	23	18	21
鹿　児　島		(39)	x	x	x	x	x
沖　縄		(40)	-	-	-	-	-

注：令和元年調査から、振興局別及び大海区別の公表を廃止した。
　　1)の翌年1〜6月は概数である。

イ　のり類

生換算重量 （1～12月）	のり類養殖（1～12月）						
	製品形態別収穫量						
	板のり				ばらのり	その他ののり	
	計	くろのり	まぜのり	あおのり			
t	千枚	千枚	千枚	千枚	t	t	
251,362	6,483,349	6,460,149	13,847	9,353	699	1,576	(1)
x	x	x	-	-	-	-	(2)
-	-	-	-	-	-	-	(3)
-	-	-	-	-	-	-	(4)
11,616	303,710	303,710	-	-	x	x	(5)
-	-	-	-	-	-	-	(6)
-	-	-	-	-	-	-	(7)
125	-	-	-	-	10	56	(8)
-	-	-	-	-	-	-	(9)
x	138,636	130,181	x	x	-	x	(10)
-	-	-	-	-	-	-	(11)
x	x	x	-	-	-	-	(12)
-	-	-	-	-	-	-	(13)
-	-	-	-	-	-	-	(14)
-	-	-	-	-	-	-	(15)
-	-	-	-	-	-	-	(16)
427	1,041	-	-	1,041	-	383	(17)
9,403	244,550	230,846	x	x	21	27	(18)
8,322	114,075	114,075	-	-	393	-	(19)
-	-	-	-	-	-	-	(20)
x	1,833	1,833	-	-	-	x	(21)
53,093	1,327,313	1,327,313	-	-	-	-	(22)
-	-	-	-	-	-	-	(23)
-	-	-	-	-	-	-	(24)
-	-	-	-	-	-	-	(25)
6,667	173,640	173,640	-	-	11	-	(26)
2,352	58,716	58,716	-	-	x	x	(27)
537	9,668	9,668	-	-	x	x	(28)
x	15,020	15,020	-	-	x	-	(29)
10,555	256,612	256,612	-	-	12	83	(30)
2,732	37,095	37,095	-	-	80	-	(31)
x	-	-	-	-	-	x	(32)
39,340	1,179,821	1,179,821	-	-	-	13	(33)
65,203	1,738,319	1,738,319	-	-	1	4	(34)
410	10,618	10,618	-	-	3	11	(35)
33,082	860,486	860,486	-	-	58	348	(36)
x	1,077	1,077	-	-	-	x	(37)
-	-	-	-	-	-	-	(38)
637	1,640	1,640	-	-	97	5	(39)
78	-	-	-	-	-	78	(40)

2　都道府県別統計（続き）
（2）　かき類、のり類収獲量（種苗養殖を除く。）（続き）
イ　のり類（続き）

都道府県			生換算重量 (7月～翌年6月)	1) のり類養殖（7月～翌年6月）				ばらのり	その他ののり
				製品形態別収獲量					
				板のり					
				計	くろのり	まぜのり	あおのり		
			t	千枚	千枚	千枚	千枚	t	t
全	国	(1)	270,938	7,044,052	7,027,614	8,162	8,277	588	943
北海道		(2)	-	-	-	-	-	-	-
青森		(3)	-	-	-	-	-	-	-
岩手		(4)	-	-	-	-	-	-	-
宮城		(5)	13,721	370,464	370,464	-	-	-	0
秋田		(6)	-	-	-	-	-	-	-
山形		(7)	-	-	-	-	-	-	-
福島		(8)	76	-	-	-	-	4	48
茨城		(9)	-	-	-	-	-	-	-
千葉		(10)	x	91,164	87,352	3,812	-	-	x
東京		(11)	-	-	-	-	-	-	-
神奈川		(12)	x	x	x	-	-	-	-
新潟		(13)	-	-	-	-	-	-	-
富山		(14)	-	-	-	-	-	-	-
石川		(15)	-	-	-	-	-	-	-
福井		(16)	-	-	-	-	-	-	-
静岡		(17)	358	1,019	-	-	1,019	-	315
愛知		(18)	9,079	235,134	223,527	4,350	7,257	26	8
三重		(19)	8,140	122,347	122,347	-	-	343	-
京都		(20)	-	-	-	-	-	-	-
大阪		(21)	86	x	x	-	-	-	x
兵庫		(22)	63,576	1,589,403	1,589,403	-	-	-	-
和歌山		(23)	-	-	-	-	-	-	-
鳥取		(24)	-	-	-	-	-	-	-
島根		(25)	-	-	-	-	-	-	-
岡山		(26)	5,923	152,426	152,426	-	-	14	-
広島		(27)	2,727	68,022	68,022	-	-	x	x
山口		(28)	361	5,273	5,273	-	-	x	x
徳島		(29)	x	24,845	24,845	-	-	x	-
香川		(30)	13,807	339,905	339,905	-	-	7	88
愛媛		(31)	2,899	45,800	45,800	-	-	71	-
高知		(32)	x	-	-	-	-	-	x
福岡		(33)	44,191	1,325,547	1,325,547	-	-	-	7
佐賀		(34)	64,949	1,731,770	1,731,770	-	-	0	3
長崎		(35)	305	7,906	7,906	-	-	2	8
熊本		(36)	34,992	920,958	920,958	-	-	46	88
大分		(37)	x	1,698	1,698	-	-	-	x
宮崎		(38)	-	-	-	-	-	-	-
鹿児島		(39)	389	1,616	1,616	-	-	56	4
沖縄		(40)	72	-	-	-	-	-	72

注：令和元年調査から、振興局別及び大海区別の公表を廃止した。
　　1)の翌年1～6月は概数である。

のり類養殖（1～6月）						
製品形態別収獲量						
板のり				ばらのり	その他のり	
計	くろのり	まぜのり	あおのり			
千枚	千枚	千枚	千枚	t	t	
5,326,319	5,305,950	11,015	9,353	694	1,472	(1)
x	x	-	-	-	-	(2)
-	-	-	-	-	-	(3)
-	-	-	-	-	-	(4)
244,499	244,499	-	-	x	x	(5)
-	-	-	-	-	-	(6)
-	-	-	-	-	-	(7)
-	-	-	-	10	56	(8)
-	-	-	-	-	-	(9)
135,596	127,519	x	x	-	x	(10)
-	-	-	-	-	-	(11)
x	x	-	-	-	-	(12)
-	-	-	-	-	-	(13)
-	-	-	-	-	-	(14)
-	-	-	-	-	-	(15)
-	-	-	-	-	-	(16)
1,041	-	-	1,041	-	378	(17)
215,249	203,998	x	x	20	27	(18)
107,926	107,926	-	-	393	-	(19)
-	-	-	-	-	-	(20)
x	x	-	-	-	x	(21)
1,236,058	1,236,058	-	-	-	-	(22)
-	-	-	-	-	-	(23)
-	-	-	-	-	-	(24)
-	-	-	-	-	-	(25)
162,014	162,014	-	-	11	-	(26)
57,147	57,147	-	-	x	x	(27)
8,963	8,963	-	-	x	x	(28)
15,020	15,020	-	-	x	-	(29)
240,388	240,388	-	-	12	83	(30)
37,095	37,095	-	-	80	-	(31)
-	-	-	-	-	x	(32)
972,334	972,334	-	-	-	13	(33)
1,187,239	1,187,239	-	-	1	2	(34)
9,801	9,801	-	-	3	11	(35)
682,834	682,834	-	-	56	338	(36)
x	x	-	-	-	x	(37)
-	-	-	-	-	-	(38)
1,640	1,640	-	-	97	5	(39)
-	-	-	-	-	78	(40)

2　都道府県別統計（続き）
(2)　かき類、のり類収獲量（種苗養殖を除く。）（続き）
イ　のり類（続き）

都道府県			のり類養殖（7～12月）製品形態別収獲量				ばらのり	その他のり
			板のり					
			計	くろのり	まぜのり	あおのり		
			千枚	千枚	千枚	千枚	t	t
全　　国	(1)		1,157,031	1,154,199	2,832	-	5	104
北　海　道	(2)		-	-	-	-	-	-
青　　森	(3)		-	-	-	-	-	-
岩　　手	(4)		-	-	-	-	-	-
宮　　城	(5)		59,211	59,211	-	-	-	0
秋　　田	(6)		-	-	-	-	-	-
山　　形	(7)		-	-	-	-	-	-
福　　島	(8)		-	-	-	-	-	0
茨　　城	(9)		-	-	-	-	-	-
千　　葉	(10)		3,040	2,662	378	-	-	x
東　　京	(11)		-	-	-	-	-	-
神　奈　川	(12)		x	x	-	-	-	-
新　　潟	(13)		-	-	-	-	-	-
富　　山	(14)		-	-	-	-	-	-
石　　川	(15)		-	-	-	-	-	-
福　　井	(16)		-	-	-	-	-	-
静　　岡	(17)		-	-	-	-	-	5
愛　　知	(18)		29,302	26,848	2,454	-	1	-
三　　重	(19)		6,149	6,149	-	-	0	-
京　　都	(20)		-	-	-	-	-	-
大　　阪	(21)		x	x	-	-	-	x
兵　　庫	(22)		91,255	91,255	-	-	-	-
和　歌　山	(23)		-	-	-	-	-	-
鳥　　取	(24)		-	-	-	-	-	-
島　　根	(25)		-	-	-	-	-	-
岡　　山	(26)		11,625	11,625	-	-	-	-
広　　島	(27)		1,569	1,569	-	-	x	x
山　　口	(28)		706	706	-	-	x	x
徳　　島	(29)		-	-	-	-	-	-
香　　川	(30)		16,224	16,224	-	-	0	-
愛　　媛	(31)		-	-	-	-	0	-
高　　知	(32)		-	-	-	-	-	x
福　　岡	(33)		207,487	207,487	-	-	-	-
佐　　賀	(34)		551,080	551,080	-	-	0	2
長　　崎	(35)		817	817	-	-	-	-
熊　　本	(36)		177,652	177,652	-	-	3	11
大　　分	(37)		x	x	-	-	-	-
宮　　崎	(38)		-	-	-	-	-	-
鹿　児　島	(39)		-	-	-	-	-	-
沖　　縄	(40)		-	-	-	-	-	-

注：令和元年調査から、振興局別及び大海区別の公表を廃止した。
　　1)の翌年1～6月は概数である。

1) の り 類 養 殖 （ 翌 年 1 ～ 6 月 ） 製 品 形 態 別 収 獲 量						
板　　　　の　　　　り				ばらのり	その他の のり	
計	くろのり	まぜのり	あおのり			
千枚	千枚	千枚	千枚	t	t	
5,887,022	5,873,415	5,330	8,277	583	838	(1)
-	-	-	-	-	-	(2)
-	-	-	-	-	-	(3)
-	-	-	-	-	-	(4)
311,253	311,253	-	-	-	-	(5)
-	-	-	-	-	-	(6)
-	-	-	-	-	-	(7)
-	-	-	-	4	48	(8)
-	-	-	-	-	-	(9)
88,124	84,690	3,434	-	-	x	(10)
-	-	-	-	-	-	(11)
x	x	-	-	-	-	(12)
-	-	-	-	-	-	(13)
-	-	-	-	-	-	(14)
-	-	-	-	-	-	(15)
-	-	-	-	-	-	(16)
1,019	-	-	1,019	-	311	(17)
205,833	196,679	1,896	7,257	25	8	(18)
116,199	116,199	-	-	343	-	(19)
-	-	-	-	-	-	(20)
2,003	2,003	-	-	-	x	(21)
1,498,148	1,498,148	-	-	-	-	(22)
-	-	-	-	-	-	(23)
-	-	-	-	-	-	(24)
-	-	-	-	-	-	(25)
140,801	140,801	-	-	14	-	(26)
66,453	66,453	-	-	x	x	(27)
4,567	4,567	-	-	x	x	(28)
24,845	24,845	-	-	x	-	(29)
323,680	323,680	-	-	7	88	(30)
45,800	45,800	-	-	70	-	(31)
-	-	-	-	-	x	(32)
1,118,060	1,118,060	-	-	-	7	(33)
1,180,691	1,180,691	-	-	0	1	(34)
7,088	7,088	-	-	2	8	(35)
743,306	743,306	-	-	43	77	(36)
x	x	-	-	-	x	(37)
-	-	-	-	-	-	(38)
1,616	1,616	-	-	56	4	(39)
-	-	-	-	-	72	(40)

2　都道府県別統計（続き）
(3)　種苗養殖販売量

都　道　府　県			ぶり類種苗	まだい種苗		ひらめ種苗	真珠母貝
				稚　魚	1・2年魚		
			千尾	千尾	千尾	千尾	t
全		国　(1)	3,732	46,694	5,074	10,184	967
北	海	道　(2)	–	–	–	–	–
青		森　(3)	–	–	–	–	–
岩		手　(4)	–	–	–	–	–
宮		城　(5)	–	–	–	–	–
秋		田　(6)	–	x	–	x	–
山		形　(7)	–	–	–	x	–
福		島　(8)	–	–	–	–	–
茨		城　(9)	–	–	–	–	–
千		葉　(10)	–	–	–	x	–
東		京　(11)	–	–	–	–	–
神	奈	川　(12)	–	x	–	–	–
新		潟　(13)	–	–	–	x	–
富		山　(14)	–	–	–	–	–
石		川　(15)	–	–	–	x	–
福		井　(16)	–	x	–	x	–
静		岡　(17)	–	x	–	x	–
愛		知　(18)	–	x	–	x	–
三		重　(19)	–	x	–	x	0
京		都　(20)	–	–	–	–	–
大		阪　(21)	–	–	–	–	–
兵		庫　(22)	–	–	–	–	–
和	歌	山　(23)	x	x	x	x	–
鳥		取　(24)	–	–	–	x	–
島		根　(25)	–	x	–	x	–
岡		山　(26)	–	–	–	–	–
広		島　(27)	–	–	–	x	–
山		口　(28)	–	x	–	1,262	–
徳		島　(29)	1,177	–	–	–	–
香		川　(30)	–	x	–	599	–
愛		媛　(31)	458	6,411	–	1,681	832
高		知　(32)	x	x	x	–	18
福		岡　(33)	–	–	–	–	–
佐		賀　(34)	–	–	–	–	–
長		崎　(35)	222	x	–	1,565	118
熊		本　(36)	–	2,283	–	x	–
大		分　(37)	x	x	–	x	–
宮		崎　(38)	–	–	–	x	–
鹿	児	島　(39)	1,149	1,337	–	x	–
沖		縄　(40)	–	x	–	–	–

ほたてがい種苗	かき類種苗	くるまえび種苗	わかめ類種苗	のり類種苗		
				網ひび	貝殻	
千粒	千連	千尾	千m	千枚	千個	
2,252,193	676	219,750	335	106	10,211	(1)
2,230,156	1	–	–	–	–	(2)
18,669	–	–	x	–	–	(3)
3,368	–	–	x	–	–	(4)
–	526	–	x	–	–	(5)
–	–	x	x	–	–	(6)
–	–	–	–	–	–	(7)
–	–	–	–	–	–	(8)
–	–	–	–	–	–	(9)
–	–	–	–	–	x	(10)
–	–	–	–	–	–	(11)
–	–	–	48	–	–	(12)
–	–	–	x	–	–	(13)
–	–	–	–	–	–	(14)
–	–	–	–	–	–	(15)
–	–	–	x	–	–	(16)
–	–	x	–	–	–	(17)
–	–	–	x	–	–	(18)
–	17	x	x	x	x	(19)
–	–	x	–	–	–	(20)
–	–	x	–	–	–	(21)
–	–	–	–	57	x	(22)
–	–	–	–	–	–	(23)
–	–	–	x	–	–	(24)
–	x	–	x	–	–	(25)
–	–	–	–	x	x	(26)
–	70	–	x	–	–	(27)
–	–	8,972	–	–	–	(28)
–	x	x	7	–	–	(29)
–	x	x	–	x	–	(30)
–	x	x	–	–	–	(31)
–	–	–	–	–	–	(32)
–	–	–	–	–	–	(33)
–	–	x	–	–	3,798	(34)
–	10	–	80	–	–	(35)
–	–	10,413	–	–	5,586	(36)
–	–	x	–	–	–	(37)
–	–	x	–	–	–	(38)
–	x	x	–	–	–	(39)
–	–	x	–	–	–	(40)

2　都道府県別統計（続き）
(4)　投餌量

単位：t

都道府県	養殖合計 投餌量		ぶり類 投餌量		まだい 投餌量	
	配合餌料	生餌	配合餌料	生餌	配合餌料	生餌
全　　　　国	390,980	315,924	184,645	157,752	155,931	13,749
北　海　道	53	862	-	-	-	-
青　　森	99	-	-	-	-	-
岩　　手	x	-	-	-	-	-
宮　　城	19,972	-	-	-	-	-
秋　　田	-	-	-	-	-	-
山　　形	-	-	-	-	-	-
福　　島	-	-	-	-	-	-
茨　　城	-	-	-	-	-	-
千　　葉	x	x	-	-	x	x
東　　京	x	x	-	-	x	x
神　奈　川	-	-	-	-	-	-
新　　潟	x	x	-	-	-	-
富　　山	19	x	-	-	-	-
石　　川	-	-	-	-	-	-
福　　井	508	21	-	-	128	-
静　　岡	2,233	1,142	52	1,091	2,157	-
愛　　知	-	-	-	-	-	-
三　　重	28,638	20,513	7,843	1,403	11,561	3,848
京　　都	54	2,260	24	208	22	38
大　　阪	x	x	x	x	x	x
兵　　庫	x	x	x	x	x	x
和　歌　山	7,981	18,525	x	x	5,830	286
鳥　　取	-	-	-	-	-	-
島　　根	-	-	-	-	-	-
岡　　山	5	x	-	-	-	-
広　　島	2,774	29	804	-	1,371	0
山　　口	530	4,023	36	x	x	x
徳　　島	13,220	1,109	13,066	892	154	183
香　　川	-	-	-	-	-	-
愛　　媛	204,827	36,487	74,438	2,656	123,594	930
高　　知	x	-	-	-	x	-
福　　岡	x	x	-	-	x	-
佐　　賀	3,075	1,875	2,084	91	432	109
長　　崎	5,313	48,251	785	7,824	1,898	399
熊　　本	-	-	-	-	-	-
大　　分	36,713	70,611	33,100	48,658	554	837
宮　　崎	11,520	26,822	7,799	18,198	2,848	6,644
鹿　児　島	46,748	76,324	43,266	76,324	x	-
沖　　縄	2,494	6,198	-	-	27	-

注：令和元年調査から、振興局別及び大海区別の公表を廃止した。

〔内水面漁業・養殖業の部〕

1　全国年次別・魚種別生産量（平成21年～令和元年）

年　次		合　計	漁						
			計	魚					
				小　計	さけ類	からふとます	さくらます	その他の さけ・ます類
		(1)	(2)	(3)	(4)	(5)	(6)	(7)
平成 21年	(1)	82,565	41,638	25,495	12,727	1,299	17	332
22	(2)	79,247	39,844	24,444	12,580	973	14	307
23	(3)	73,153	34,260	20,647	10,584	600	36	292
24	(4)	66,826	32,869	21,225	13,105	277	18	250
25	(5)	61,131	30,635	19,278	11,834	473	11	265
		(61,356)	(30,861)	(19,504)	(12,056)	(473)	(12)	(266)
26	(6)	64,474	30,603	17,599	10,212	294	11	252
27	(7)	69,253	32,917	19,704	12,330	237	13	237
28	(8)	63,135	27,937	15,014	7,471	687	12	311
29	(9)	62,054	25,215	12,073	5,802	142	8	269
30	(10)	56,806	26,957	13,263	6,696	851	12	205
		(53,050)	(23,201)	(12,922)	(6,398)	(903)	(12)	(201)
令和 元	(11)	52,983	21,767	11,824	6,240	227	12	187

年　次		漁	業（続き）					養
		貝　類			その他の水産動植物類			計
		小　計	しじみ	その他	小　計	えび類	その他	
		(17)	(18)	(19)	(20)	(21)	(22)	(23)
平成 21年	(1)	15,131	10,432	4,698	1,012	555	456	40,927
22	(2)	14,455	11,189	3,266	945	676	268	39,403
23	(3)	12,712	9,241	3,471	901	655	246	38,893
24	(4)	11,022	7,839	3,183	622	448	174	33,957
25	(5)	10,726	8,454	2,272	631	464	166	30,496
		(10,726)	(8,454)	(2,272)	(631)	(464)	(166)	
26	(6)	12,436	9,804	2,632	568	409	159	33,871
27	(7)	12,697	9,819	2,879	516	372	145	36,336
28	(8)	12,400	9,580	2,820	523	360	163	35,198
29	(9)	12,616	9,868	2,748	525	364	161	36,839
30	(10)	13,106	9,646	3,460	588	409	179	29,849
		(9,718)	(9,715)	(3)	(561)	(400)	(161)	
令和 元	(11)	9,524	9,520	4	420	257	163	31,216

注：　1　内水面漁業漁獲量は、平成21年から平成25年までは主要108河川24湖沼、平成26年から平成30年までは主要112河川24湖沼、
　　令和元年については主要113河川24湖沼の値である。
　　2　平成25年の（　）書きの数値は、平成25年に調査をした河川・湖沼の漁獲量を、平成26年の調査対象河川・湖沼に合わせて
　　集計した値である。
　　　また、平成30年の（　）書きの数値は、平成30年に調査をした河川・湖沼の漁獲量を、令和元年の調査対象河川・湖沼に
　　合わせて集計した値である。
　　3　内水面養殖業は、平成13年調査から調査対象魚種を変更し、ます類、あゆ、こい及びうなぎの4種類に限定した。
　　　なお、琵琶湖、霞ヶ浦及び北浦については、これら以外のその他の魚類養殖及び淡水真珠養殖についても調査を行っており、
　　平成19年からその他の魚類養殖は計に含めた。

単位：t

	業							
				類				
わかさぎ	あゆ	しらうお	こい	ふな	うぐい・おいかわ	うなぎ	はぜ類	その他
(8)	(9)	(10)	(11)	(12)	(13)	(14)	(15)	(16)
2,009	3,625	745	434	847	640	263	202	2,354	(1)
1,967	3,422	675	401	778	655	245	162	2,266	(2)
1,444	3,068	698	357	700	655	229	158	1,827	(3)
1,333	2,520	777	334	644	626	165	147	1,028	(4)
1,156	2,332	632	303	591	467	135	132	946	(5)
(1,156)	(2,334)	(632)	(303)	(591)	(467)	(135)	(132)	(946)	
1,242	2,395	706	258	596	468	112	173	879	(6)
1,417	2,407	774	227	555	486	70	170	782	(7)
1,181	2,390	585	220	534	466	71	160	926	(8)
943	2,168	561	213	512	347	71	143	895	(9)
1,146	2,140	462	210	456	184	69	112	719	(10)
(1,126)	(2,140)	(462)	(208)	(456)	(184)	(69)	(112)	(650)	
981	2,053	565	175	423	163	66	112	621	(11)

	殖					業	
	魚			類			
ます類		あゆ	こい	うなぎ	その他の魚類	淡水真珠	
にじます	その他のます類						
(24)	(25)	(26)	(27)	(28)	(29)	(30)	
6,310	3,330	5,837	2,910	22,406	133	0.1	(1)
6,102	3,261	5,676	3,692	20,543	129	0.1	(2)
5,406	2,815	5,420	3,133	22,006	112	0.1	(3)
5,147	2,999	5,195	2,964	17,377	275	0.1	(4)
4,962	2,934	5,279	3,019	14,204	98	0.1	(5)
4,786	2,847	5,163	3,273	17,627	175	0.1	(6)
4,836	2,873	5,084	3,256	20,119	168	0.1	(7)
4,954	2,852	5,183	3,131	18,907	171	0.1	(8)
4,731	2,908	5,053	3,015	20,979	152	0.1	(9)
4,732	2,610	4,310	2,932	15,111	154	0.1	(10)
4,651	2,537	4,089	2,741	17,071	127	0.0	(11)

2 内水面漁業漁獲量
(1) 都道府県別・魚種別漁獲量

都道府県	計	魚									
		小計	さけ類	からふとます	さくらます	その他のさけ・ます類	わかさぎ	あゆ	しらうお	こい	ふな
全 国 (1)	21,767	11,824	6,240	227	12	187	981	2,053	565	175	423
北 海 道 (2)	6,377	5,694	5,230	227	5	0	226	-	-	0	0
青 森 (3)	3,859	1,026	108	-	0	12	414	1	287	88	13
岩 手 (4)	324	323	310	-	1	8	-	4	-	-	-
宮 城 (5)	141	116	114	-	-	-	-	0	-	-	-
秋 田 (6)	169	168	-	-	0	5	126	3	27	2	1
山 形 (7)	246	244	210	-	1	4	-	26	-	0	0
福 島 (8)	12	12	2	-	0	7	1	2	-	0	0
茨 城 (9)	2,605	918	15	-	0	0	119	302	161	8	10
栃 木 (10)	275	275	0	-	0	0	-	270	-	3	-
群 馬 (11)	2	2	-	-	-	-	-	-	-	-	2
埼 玉 (12)	1	1	-	-	-	-	-	-	-	0	0
千 葉 (13)	49	37	-	-	-	-	0	-	-	-	21
東 京 (14)	180	30	-	-	-	16	-	8	-	0	4
神 奈 川 (15)	375	375	-	-	-	1	1	350	-	-	3
新 潟 (16)	407	372	201	-	2	9	0	20	-	39	55
富 山 (17)	104	104	46	-	2	1	-	54	-	-	-
石 川 (18)	5	5	5	-	-	-	0	-	0	-	-
福 井 (19)	x	x	x	x	x	x	x	x	x	x	x
山 梨 (20)	x	x	x	x	x	x	x	x	x	x	x
長 野 (21)	86	86	-	-	-	60	17	5	-	2	0
岐 阜 (22)	250	244	-	-	-	20	-	213	-	1	1
静 岡 (23)	x	x	x	x	x	x	x	x	x	x	x
愛 知 (24)	36	1	-	-	-	0	-	1	-	-	-
三 重 (25)	116	5	-	-	-	0	-	3	-	1	0
滋 賀 (26)	x	x	x	x	x	x	x	x	x	x	x
京 都 (27)	11	11	0	-	-	2	-	8	-	0	0
大 阪 (28)	-	-	-	-	-	-	-	-	-	-	-
兵 庫 (29)	x	x	x	x	x	x	x	x	x	x	x
奈 良 (30)	0	0	-	-	-	-	-	0	-	-	-
和 歌 山 (31)	8	7	-	-	-	0	-	6	-	-	-
鳥 取 (32)	200	0	-	-	-	-	-	-	0	-	0
島 根 (33)	4,090	164	-	-	-	0	-	16	90	0	19
岡 山 (34)	285	281	-	-	-	2	0	15	-	7	216
広 島 (35)	23	23	-	-	-	1	-	19	-	1	0
山 口 (36)	14	14	-	-	-	0	-	13	-	0	0
徳 島 (37)	34	26	-	-	0	1	0	13	0	0	0
香 川 (38)	-	-	-	-	-	-	-	-	-	-	-
愛 媛 (39)	148	118	-	-	-	2	-	102	-	3	2
高 知 (40)	111	102	-	-	0	1	-	91	-	0	0
福 岡 (41)	86	46	-	-	-	0	3	2	0	5	9
佐 賀 (42)	6	5	-	-	-	-	-	-	-	0	1
長 崎 (43)	-	-	-	-	-	-	-	-	-	-	-
熊 本 (44)	53	50	-	-	-	1	0	32	-	-	-
大 分 (45)	111	101	-	-	-	2	9	68	-	5	2
宮 崎 (46)	39	32	-	-	-	1	-	9	0	3	1
鹿 児 島 (47)	x	x	x	x	x	x	x	x	x	x	x
沖 縄 (48)	-	-	-	-	-	-	-	-	-	-	-

注：1)は、漁獲量の内数である。

単位：t

| 類 | | | | 貝　類 | | | その他の水産動植物類 | | | 1) 天然産種苗採捕量 | | |
うぐい・おいかわ	う な ぎ	は ぜ 類	そ の 他	小　計	し じ み	そ の 他	小　計	え び 類	そ の 他	あ　ゆ	う な ぎ	
163	66	112	621	9,524	9,520	4	420	257	163	60	1	(1)
0	-	-	5	649	649	-	34	6	28	-	-	(2)
94	1	0	9	2,816	2,816	-	18	18	0	-	-	(3)
0	-	-	-	-	-	-	0	-	0	-	-	(4)
-	-	-	1	25	25	-	-	-	-	0	-	(5)
1	0	0	2	0	0	0	1	1	0	-	-	(6)
2	-	-	1	-	-	-	2	-	2	-	-	(7)
1	0	-	-	-	-	-	-	-	-	-	-	(8)
1	12	8	283	1,522	1,522	0	165	135	30	-	1	(9)
2	0	-	0	-	-	-	0	-	0	-	-	(10)
-	0	-	0	-	-	-	-	-	-	-	-	(11)
0	-	-	0	-	-	-	-	-	-	-	-	(12)
-	0	-	15	-	-	-	12	12	-	-	0	(13)
0	2	-	-	143	143	-	7	-	7	0	-	(14)
19	0	0	1	0	-	0	-	-	-	-	0	(15)
4	0	1	41	12	12	-	23	0	23	-	-	(16)
0	0	-	-	-	-	-	-	-	-	-	-	(17)
-	-	-	-	-	-	-	-	-	-	0	-	(18)
x	x	x	x	x	x	x	x	x	x	x	x	(19)
x	x	x	x	x	x	x	x	x	x	x	x	(20)
2	0	-	0	-	-	-	0	0	0	-	-	(21)
1	0	6	2	3	3	-	3	0	3	-	0	(22)
x	x	x	x	x	x	x	x	x	x	x	x	(23)
-	0	-	-	35	35	-	-	-	-	0	-	(24)
0	1	0	0	111	111	-	0	0	-	-	-	(25)
x	x	x	x	x	x	x	x	x	x	x	x	(26)
0	0	0	0	-	-	-	1	0	1	-	-	(27)
-	-	-	-	-	-	-	-	-	-	-	-	(28)
x	x	x	x	x	x	x	x	x	x	x	x	(29)
-	-	-	-	-	-	-	-	-	-	0	-	(30)
0	0	-	-	-	-	-	2	-	2	-	-	(31)
-	0	-	0	199	199	-	0	0	0	-	-	(32)
0	12	5	21	3,921	3,921	-	6	3	3	-	-	(33)
3	10	0	27	-	-	-	4	4	1	0	-	(34)
1	1	0	1	0	0	-	0	-	0	0	-	(35)
0	0	-	0	-	-	-	0	-	0	-	-	(36)
0	0	0	11	8	7	1	1	1	0	-	0	(37)
-	-	-	-	-	-	-	-	-	-	-	-	(38)
-	6	-	3	-	-	-	31	-	31	-	-	(39)
1	3	1	5	-	-	-	9	1	9	-	0	(40)
5	4	1	17	33	33	0	8	4	4	-	0	(41)
0	0	-	4	0	0	-	0	-	0	-	0	(42)
-	-	-	-	-	-	-	-	-	-	-	-	(43)
14	2	-	-	1	1	-	3	0	3	1	-	(44)
5	5	0	5	0	0	-	11	0	11	-	0	(45)
1	3	1	13	2	2	-	5	0	5	-	0	(46)
x	x	x	x	x	x	x	x	x	x	x	x	(47)
-	-	-	-	-	-	-	-	-	-	-	-	(48)

2 内水面漁業漁獲量（続き）
(2) 都道府県別・河川湖沼別漁獲量

単位：t

都道府県	計	河 川	湖 沼
全 国	21,767	9,938	11,829
北 海 道	6,377	x	x
青 森	3,859	134	3,726
岩 手	324	324	－
宮 城	141	141	－
秋 田	169	x	x
山 形	246	246	－
福 島	12	x	x
茨 城	2,605	x	x
栃 木	275	x	x
群 馬	2	2	－
埼 玉	1	1	－
千 葉	49	x	x
東 京	180	180	－
神 奈 川	375	x	x
新 潟	407	407	－
富 山	104	104	－
石 川	5	5	－
福 井	x	x	－
山 梨	x	x	x
長 野	86	x	x
岐 阜	250	250	－
静 岡	x	x	－
愛 知	36	36	－
三 重	116	116	－
滋 賀	x	x	896
京 都	11	11	－
大 阪	－	－	－
兵 庫	x	x	－
奈 良	0	0	－
和 歌 山	8	8	－
鳥 取	200	x	x
島 根	4,090	x	x
岡 山	285	x	x
広 島	23	23	－
山 口	14	14	－
徳 島	34	34	－
香 川	－	－	－
愛 媛	148	148	－
高 知	111	111	－
福 岡	86	86	－
佐 賀	6	6	－
長 崎	－	－	－
熊 本	53	53	－
大 分	111	111	－
宮 崎	39	39	－
鹿 児 島	x	x	－
沖 縄	－	－	－

2　内水面漁業漁獲量（続き）
(3)　魚種別・河川別漁獲量

魚　　種	河川計	知来別川（北海道）	頓別川（北海道）	北幌別川（北海道）	徳志別川（北海道）	幌内川（北海道）	渚滑川（北海道）	網走川（北海道）	止別川（北海道）	斜里川（北海道）	奥蘂別川（北海道）	遠音別川（北海道）
合　　　　　計　(1)	9,938	x	x	x	x	x	x	1,004	x	x	x	x
魚　類　計　(2)	8,818	x	x	x	x	x	x	984	x	x	x	x
さ　け　類　(3)	6,240	x	x	x	x	x	x	981	x	x	x	x
からふとます　(4)	227	x	x	x	x	x	x	2	x	x	x	x
さくらます　(5)	12	x	x	x	x	x	x	-	x	x	x	x
その他のさけ・ます類　(6)	147	x	x	x	x	x	x	-	x	x	x	x
わ　か　さ　ぎ　(7)	111	x	x	x	x	x	x	-	x	x	x	x
あ　　　ゆ　(8)	1,678	x	x	x	x	x	x	-	x	x	x	x
し　ら　う　お　(9)	0	x	x	x	x	x	x	-	x	x	x	x
こ　　　い　(10)	71	x	x	x	x	x	x	-	x	x	x	x
ふ　　　な　(11)	95	x	x	x	x	x	x	-	x	x	x	x
うぐい・おいかわ　(12)	66	x	x	x	x	x	x	-	x	x	x	x
う　　な　　ぎ　(13)	40	x	x	x	x	x	x	-	x	x	x	x
は　ぜ　類　(14)	16	x	x	x	x	x	x	-	x	x	x	x
その他の魚類　(15)	116	x	x	x	x	x	x	-	x	x	x	x
貝　類　計　(16)	979	x	x	x	x	x	x	20	x	x	x	x
し　じ　み　(17)	978	x	x	x	x	x	x	20	x	x	x	x
その他の貝類　(18)	1	x	x	x	x	x	x	-	x	x	x	x
その他の水産動植物類計　(19)	141	x	x	x	x	x	x	-	x	x	x	x
え　び　類　(20)	8	x	x	x	x	x	x	-	x	x	x	x
その他の水産動植物類　(21)	133	x	x	x	x	x	x	-	x	x	x	x
1) 天然産種苗採捕量												
あ　　　ゆ　(22)	3	x	x	x	x	x	x	-	x	x	x	x
う　　な　　ぎ　(23)	1	x	x	x	x	x	x	-	x	x	x	x

注：1)は、漁獲量の内数である。

単位：t

常呂川（北海道）	伊茶仁川（北海道）	標津川（北海道）	西別川（北海道）	風蓮川（北海道）	別当賀川（北海道）	釧路川（北海道）	十勝川（北海道）	静内川（北海道）	沙流川（北海道）	白老川（北海道）	敷生川（北海道）	遊楽部川（北海道）	天塩川（北海道）	
x	x	x	x	51	x	x	x	x	x	x	x	x	x	(1)
x	x	x	x	49	x	x	x	x	x	x	x	x	x	(2)
x	x	x	x	33	x	x	x	x	x	x	x	x	x	(3)
x	x	x	x	-	x	x	x	x	x	x	x	x	x	(4)
x	x	x	x	-	x	x	x	x	x	x	x	x	x	(5)
x	x	x	x	-	x	x	x	x	x	x	x	x	x	(6)
x	x	x	x	15	x	x	x	x	x	x	x	x	x	(7)
x	x	x	x		x	x	x	x	x	x	x	x	x	(8)
x	x	x	x	-	x	x	x	x	x	x	x	x	x	(9)
x	x	x	x	-	x	x	x	x	x	x	x	x	x	(10)
x	x	x	x		x	x	x	x	x	x	x	x	x	(11)
x	x	x	x		x	x	x	x	x	x	x	x	x	(12)
x	x	x	x		x	x	x	x	x	x	x	x	x	(13)
x	x	x	x		x	x	x	x	x	x	x	x	x	(14)
x	x	x	x	2	x	x	x	x	x	x	x	x	x	(15)
x	x	x	x	1	x	x	x	x	x	x	x	x	x	(16)
x	x	x	x	1	x	x	x	x	x	x	x	x	x	(17)
x	x	x	x	-	x	x	x	x	x	x	x	x	x	(18)
x	x	x	x	-	x	x	x	x	x	x	x	x	x	(19)
x	x	x	x	-	x	x	x	x	x	x	x	x	x	(20)
x	x	x	x	-	x	x	x	x	x	x	x	x	x	(21)
x	x	x	x	-	x	x	x	x	x	x	x	x	x	(22)
x	x	x	x	-	x	x	x	x	x	x	x	x	x	(23)

2　内水面漁業漁獲量（続き）
(3)　魚種別・河川別漁獲量（続き）

魚　　種	石狩川（北海道）	後志利別川（北海道）	高瀬川（青森）	奥入瀬川（青森）	馬淵川 計	馬淵川 青森	馬淵川 岩手	新井田川 計	新井田川 青森	新井田川 岩手	野辺地川（青森）	岩木川（青森）
合　　　　　　計　(1)	718	x	20	x	x	x	x	35	x	x	x	6
魚　　類　　計　(2)	690	x	8	x	x	x	x	35	x	x	x	6
さ　け　類　(3)	621	x	–	x	x	x	x	34	x	x	x	–
か ら ふ と ま す　(4)	–	x	–	x	x	x	x	–	x	x	x	–
さ く ら ま す　(5)	1	x	–	x	x	x	x	–	x	x	x	0
その他のさけ・ます類　(6)	–	x	–	x	x	x	x	–	x	x	x	4
わ　か　さ　ぎ　(7)	64	x	8	x	x	x	x	–	x	x	x	–
あ　　　ゆ　(8)	–	x	–	x	x	x	x	0	x	x	x	1
し　ら　う　お　(9)	–	x	–	x	x	x	x	–	x	x	x	–
こ　　　い　(10)	0	x	0	x	x	x	x	0	x	x	x	0
ふ　　　な　(11)	0	x	0	x	x	x	x	–	x	x	x	–
うぐい・おいかわ　(12)	0	x	0	x	x	x	x	0	x	x	x	1
う　な　ぎ　(13)	–	x	–	x	x	x	x	–	x	x	x	–
は　ぜ　類　(14)	–	x	0	x	x	x	x	0	x	x	x	–
そ の 他 の 魚 類　(15)	3	x	0	x	x	x	x	0	x	x	x	0
貝　　類　　計　(16)	–	x	12	x	x	x	x	–	x	x	x	–
し　じ　み　(17)	–	x	12	x	x	x	x	–	x	x	x	–
そ の 他 の 貝 類　(18)	–	x	–	x	x	x	x	–	x	x	x	–
その他の水産動植物類計　(19)	28	x	–	x	x	x	x	–	x	x	x	0
え　び　類　(20)	0	x	–	x	x	x	x	–	x	x	x	–
その他の水産動植物類　(21)	28	x	–	x	x	x	x	–	x	x	x	0
1) 天 然 産 種 苗 採 捕 量												
あ　　　ゆ　(22)	–	x	–	x	x	x	x	–	x	x	x	–
う　な　ぎ　(23)	–	x	–	x	x	x	x	–	x	x	x	–

注：1)は、漁獲量の内数である。

単位：t

有家川（岩手）	久慈川（岩手）	安家川（岩手）	小本川（岩手）	摂待川（岩手）	田代川（岩手）	閉伊川（岩手）	津軽石川（岩手）	織笠川（岩手）	大槌川（岩手）	片岸川（岩手）	吉浜川（岩手）	盛川（岩手）	気仙川（岩手）	
x	x	x	15	x	x	x	x	x	x	x	x	x	x	(1)
x	x	x	15	x	x	x	x	x	x	x	x	x	x	(2)
x	x	x	15	x	x	x	x	x	x	x	x	x	x	(3)
x	x	x	–	x	x	x	x	x	x	x	x	x	x	(4)
x	x	x	0	x	x	x	x	x	x	x	x	x	x	(5)
x	x	x	–	x	x	x	x	x	x	x	x	x	x	(6)
x	x	x	–	x	x	x	x	x	x	x	x	x	x	(7)
x	x	x		x	x	x	x	x	x	x	x	x	x	(8)
x	x	x	–	x	x	x	x	x	x	x	x	x	x	(9)
x	x	x	–	x	x	x	x	x	x	x	x	x	x	(10)
x	x	x		x	x	x	x	x	x	x	x	x	x	(11)
x	x	x	–	x	x	x	x	x	x	x	x	x	x	(12)
x	x	x	–	x	x	x	x	x	x	x	x	x	x	(13)
x	x	x		x	x	x	x	x	x	x	x	x	x	(14)
x	x	x	–	x	x	x	x	x	x	x	x	x	x	(15)
x	x	x	–	x	x	x	x	x	x	x	x	x	x	(16)
x	x	x	–	x	x	x	x	x	x	x	x	x	x	(17)
x	x	x	–	x	x	x	x	x	x	x	x	x	x	(18)
x	x	x	–	x	x	x	x	x	x	x	x	x	x	(19)
x	x	x	–	x	x	x	x	x	x	x	x	x	x	(20)
x	x	x	–	x	x	x	x	x	x	x	x	x	x	(21)
x	x	x		x	x	x	x	x	x	x	x	x	x	(22)
x	x	x	–	x	x	x	x	x	x	x	x	x	x	(23)

2 内水面漁業漁獲量（続き）
(3) 魚種別・河川別漁獲量（続き）

魚　　種	北上川 計	北上川 岩手	北上川 宮城	大宮城川	小宮泉城川	鳴宮瀬城川	阿武隈川 計	阿武隈川 宮城	阿武隈川 福島	雄秋物田川	月山光形川	最山上形川
合　　計 (1)	113	0	113	x	x	x	5	5	-	x	x	76
魚　類　計 (2)	88	0	88	x	x	x	5	5	-	x	x	74
さ　け　類 (3)	87	-	87	x	x	x	3	3	-	x	x	40
からふとます (4)	-	-	-	x	x	x	-	-	-	x	x	-
さくらます (5)	-	-	-	x	x	x	-	-	-	x	x	0
その他のさけ・ます類 (6)	-	-	-	x	x	x	-	-	-	x	x	4
わ　か　さ　ぎ (7)	-	-	-	x	x	x	-	-	-	x	x	-
あ　　　ゆ (8)	1	0	0	x	x	x	-	-	-	x	x	26
し　ら　う　お (9)	-	-	-	x	x	x	-	-	-	x	x	-
こ　　　い (10)	-	-	-	x	x	x	-	-	-	x	x	0
ふ　　　な (11)	-	-	-	x	x	x	-	-	-	x	x	0
うぐい・おいかわ (12)	-	-	-	x	x	x	-	-	-	x	x	2
う　な　ぎ (13)	-	-	-	x	x	x	-	-	-	x	x	-
は　ぜ　類 (14)	-	-	-	x	x	x	-	-	-	x	x	-
その他の魚類 (15)	-	-	-	x	x	x	1	1	-	x	x	1
貝　類　計 (16)	25	-	25	x	x	x	-	-	-	x	x	-
し　じ　み (17)	25	-	25	x	x	x	-	-	-	x	x	-
その他の貝類 (18)	-	-	-	x	x	x	-	-	-	x	x	-
その他の水産動植物類計 (19)	-	-	-	x	x	x	-	-	-	x	x	2
え　び　類 (20)	-	-	-	x	x	x	-	-	-	x	x	-
その他の水産動植物類 (21)	-	-	-	x	x	x	-	-	-	x	x	2
1) 天然産種苗採捕量												
あ　　　ゆ (22)	0	-	0	x	x	x	-	-	-	x	x	-
う　な　ぎ (23)	-	-	-	x	x	x	-	-	-	x	x	-

注：1)は、漁獲量の内数である。

単位：t

〜赤山形川	阿賀野川			久慈川			〜請福島戸川	〜熊福島川	〜木福島戸川	〜夏福井島川	那珂川			
〜山形〜川	計	福島	新潟	計	福島	茨城	〜福島戸川	〜福島川	〜福島戸川	〜福井島川	計	茨城	栃木	
x	122	x	x	x	x	x	x	x	x	0	858	583	275	(1)
x	107	x	x	x	x	x	x	x	x	0	315	40	275	(2)
x	66	x	x	x	x	x	x	x	x	0	14	14	0	(3)
x	−	x	x	x	x	x	x	x	x	−	−	−	−	(4)
x	1	x	x	x	x	x	x	x	x	−	0	0	0	(5)
x	10	x	x	x	x	x	x	x	x	−	0	0	−	(6)
x	1	x	x	x	x	x	x	x	x	−	0	0	−	(7)
x	4	x	x	x	x	x	x	x	x	−	292	22	270	(8)
x	−	x	x	x	x	x	x	x	x	−	0	0	−	(9)
x	1	x	x	x	x	x	x	x	x	−	4	1	3	(10)
x	2	x	x	x	x	x	x	x	x	−	0	0	−	(11)
x	1	x	x	x	x	x	x	x	x	−	2	0	2	(12)
x	0	x	x	x	x	x	x	x	x	−	1	1	0	(13)
x	1	x	x	x	x	x	x	x	x	−	1	1	0	(14)
x	20	x	x	x	x	x	x	x	x	−	1	1	0	(15)
x	12	x	x	x	x	x	x	x	x	−	542	542	−	(16)
x	12	x	x	x	x	x	x	x	x	−	542	542	−	(17)
x	−	x	x	x	x	x	x	x	x	−	0	0	−	(18)
x	2	x	x	x	x	x	x	x	x	−	1	1	0	(19)
x	−	x	x	x	x	x	x	x	x	−	0	0	−	(20)
x	2	x	x	x	x	x	x	x	x	−	1	1	0	(21)
x	−	x	x	x	x	x	x	x	x	−	−	−	−	(22)
x	−	x	x	x	x	x	x	x	x	−	−	−	−	(23)

2 内水面漁業漁獲量（続き）
(3) 魚種別・河川別漁獲量（続き）

魚　　種		利　根　川					荒　川			江　戸		
		計	茨城	栃木	群馬	埼玉	千葉	計	埼玉	東京	計	埼玉	千葉
合　　　　　計	(1)	13	10	x	2	x	0	107	0	107	25	x	x
魚　　類　　計	(2)	11	8	x	2	x	0	2	0	2	5	x	x
さ　け　類	(3)	1	1	x	-	x	-	-	-	-	-	x	x
か ら ふ と ま す	(4)	-	-	x	-	x	-	-	-	-	-	x	x
さ く ら ま す	(5)	-	-	x	-	x	-	-	-	-	-	x	x
その他のさけ・ます類	(6)	-	-	x	-	x	-	-	-	-	-	x	x
わ　か　さ　ぎ	(7)	0	0	x	-	x	-	-	-	-	-	x	x
あ　　　ゆ	(8)	-	-	x	-	x	-	-	-	-	-	x	x
し　ら　う　お	(9)	-	-	x	-	x	-	-	-	-	-	x	x
こ　　　い	(10)	2	2	x	-	x	-	-	-	-	-	x	x
ふ　　　な	(11)	6	3	x	2	x	-	1	-	1	3	x	x
う ぐ い・お い か わ	(12)	0	0	x	-	x	-	0	0	0	0	x	x
う　な　ぎ	(13)	1	1	x	0	x	0	1	-	1	1	x	x
は　ぜ　類	(14)	-	-	x	-	x	-	-	-	-	-	x	x
そ の 他 の 魚 類	(15)	1	1	x	0	x	-	-	-	-	-	x	x
貝　　類　　計	(16)	0	0	x	-	x	-	104	-	104	15	x	x
し　じ　み	(17)	0	0	x	-	x	-	104	-	104	15	x	x
そ の 他 の 貝 類	(18)	-	-	x	-	x	-	-	-	-	-	x	x
その他の水産動植物類計	(19)	2	2	x	-	x	-	2	-	2	5	x	x
え　び　類	(20)	1	1	x	-	x	-	-	-	-	-	x	x
その他の水産動植物類	(21)	1	1	x	-	x	-	2	-	2	5	x	x
1) 天 然 産 種 苗 採 捕 量													
あ　　　ゆ	(22)	-	-	x	-	x	-	-	-	-	-	x	x
う　な　ぎ	(23)	1	1	x	-	x	0	-	-	-	-	x	x

注：1)は、漁獲量の内数である。

単位：t

川 / 東京	多摩川				相模川			三面川（新潟）	信濃川			黒部川（富山）	神通川	
東京	計	東京	神奈川	山梨	計	神奈川	山梨		計	新潟	長野		計	
x	50	x	x	x	371	371	-	x	214	212	2	x	87	(1)
x	27	x	x	x	371	371	-	x	193	191	2	x	87	(2)
x	-	x	x	x	-	-	-	x	53	53	-	x	15	(3)
x	-	x	x	x	-	-	-	x	-	-	-	x	-	(4)
x	-	x	x	x	-	-	-	x	0	0	-	x	1	(5)
x	16	x	x	x	1	1	-	x	7	6	1	x	6	(6)
x	-	x	x	x	-	-	-	x	-	-	-	x	-	(7)
x	11	x	x	x	347	347	-	x	16	16	0	x	65	(8)
x	-	x	x	x	-	-	-	x	-	-	-	x	-	(9)
x	0	x	x	x	-	-	-	x	38	38	0	x	0	(10)
x	0	x	x	x	3	3	-	x	53	53	0	x	-	(11)
x	0	x	x	x	19	19	-	x	4	3	1	x	0	(12)
x	0	x	x	x	0	0	-	x	0	0	-	x	0	(13)
x	-	x	x	x	0	0	-	x	-	-	-	x	-	(14)
x	-	x	x	x	1	1	-	x	21	21	-	x	0	(15)
x	23	x	x	x	-	-	-	x	-	-	-	x	-	(16)
x	23	x	x	x	-	-	-	x	-	-	-	x	-	(17)
x	0	x	x	x	-	-	-	x	-	-	-	x	-	(18)
x	0	x	x	x	-	-	-	x	21	21	-	x	-	(19)
x	-	x	x	x	-	-	-	x	0	0	-	x	-	(20)
x	0	x	x	x	-	-	-	x	21	21	-	x	-	(21)
x	0	x	x	x	-	-	-	x	-	-	-	x	-	(22)
x	-	x	x	x	0	0	-	x	-	-	-	x	-	(23)

2 内水面漁業漁獲量（続き）
(3) 魚種別・河川別漁獲量（続き）

魚　種	神通川（続き）		庄　川			手取川（石取川）	九　頭　竜　川			天　竜		
	富山	岐阜	計	富山	岐阜	石取川	計	福井	岐阜	計	長野	静岡
合　　　　　　計 (1)	68	19	x	x	x	5	17	x	x	62	x	x
魚　　類　　計 (2)	68	19	x	x	x	5	17	x	x	62	x	x
さ　け　類 (3)	15	-	x	x	x	5	-	x	x	-	x	x
か ら ふ と ま す (4)	-	-	x	x	x	-	-	x	x	-	x	x
さ く ら ま す (5)	1	-	x	x	x	-	0	x	x	-	x	x
その他のさけ・ます類 (6)	1	5	x	x	x	0	1	x	x	57	x	x
わ　か　さ　ぎ (7)	-	-	x	x	x	-	-	x	x	-	x	x
あ　　　　　ゆ (8)	51	14	x	x	x	0	17	x	x	4	x	x
し　ら　う　お (9)	-	-	x	x	x	-	-	x	x	-	x	x
こ　　　　　い (10)	-	0	x	x	x	-	-	x	x	1	x	x
ふ　　　　　な (11)	-	-	x	x	x	-	0	x	x	-	x	x
うぐい・おいかわ (12)	-	0	x	x	x	-	-	x	x	1	x	x
う　　な　　ぎ (13)	-	0	x	x	x	-	-	x	x	-	x	x
は　ぜ　類 (14)	-	-	x	x	x	-	-	x	x	-	x	x
そ の 他 の 魚 類 (15)	-	0	x	x	x	-	0	x	x	-	x	x
貝　　類　　計 (16)	-	-	x	x	x	-	-	x	x	-	x	x
し　じ　み (17)	-	-	x	x	x	-	-	x	x	-	x	x
そ の 他 の 貝 類 (18)	-	-	x	x	x	-	-	x	x	-	x	x
その他の水産動植物類計 (19)	-	-	x	x	x	-	-	x	x	-	x	x
え　び　類 (20)	-	-	x	x	x	-	-	x	x	-	x	x
その他の水産動植物類 (21)	-	-	x	x	x	-	-	x	x	-	x	x
1) 天 然 産 種 苗 採 捕 量												
あ　　　　　ゆ (22)	-	-	x	x	x	0	-	x	x	-	x	x
う　　な　　ぎ (23)	-	-	x	x	x	-	-	x	x	-	x	x

注：1)は、漁獲量の内数である。

単位：t

川 愛知	木 曽 川					長 良 川			揖 斐 川			矢 作 川		
愛知	計	長野	岐阜	愛知	三重	計	岐阜	三重	計	岐阜	三重	計	長野	
x	117	x	28	x	53	195	194	1	68	9	59	5	x	(1)
x	29	x	28	x	0	192	192	0	7	5	2	5	x	(2)
x	-	x	-	x	-	-	-	-	-	-	-	-	x	(3)
x	-	x	-	x	-	-	-	-	-	-	-	-	x	(4)
x	-	x	-	x	-	-	-	-	-	-	-	-	x	(5)
x	2	x	2	x	-	11	11	-	2	2	-	3	x	(6)
x	-	x	-	x	-	-	-	-	-	-	-	-	x	(7)
x	26	x	25	x	-	172	172	-	2	2	-	1	x	(8)
x	-	x	-	x	-	-	-	-	-	-	-	-	x	(9)
x	0	x	0	x	-	1	1	0	1	0	1	-	x	(10)
x	0	x	-	x	0	0	0	0	1	1	0	-	x	(11)
x	0	x	0	x	-	1	1	-	0	0	0	0	x	(12)
x	0	x	0	x	0	0	0	0	1	0	1	-	x	(13)
x	0	x	0	x	0	5	5	-	0	0	0	-	x	(14)
x	0	x	0	x	-	1	1	0	0	0	0	-	x	(15)
x	88	x	-	x	53	1	-	1	60	3	57	-	x	(16)
x	88	x	-	x	53	1	-	1	60	3	57	-	x	(17)
x	-	x	-	x	-	-	-	-	-	-	-	-	x	(18)
x	0	x	0	x	-	3	3	0	0	0	0	-	x	(19)
x	-	x	-	x	-	0	0	0	0	0	0	-	x	(20)
x	0	x	0	x	-	3	3	-	0	0	-	-	x	(21)
x	0	x	-	x	-	-	-	-	-	-	-	0	x	(22)
x	-	x	-	x	-	-	-	-	0	0	-	-	x	(23)

2　内水面漁業漁獲量（続き）
(3)　魚種別・河川別漁獲量（続き）

魚　　種	矢作川（続き）		静岡・安倍川・科川	愛知（豊川）	三重（宮川）	淀　　川						熊
	岐阜・	愛知				計	三重	滋賀	京都	大阪	奈良	計
合　　　　　計　(1)	x	0	x	-	3	5	-	x	x	-	x	1
魚　類　　計　(2)	x	0	x	-	3	5	-	x	x	-	x	1
さ　け　類　(3)	x	-	x	-	-	-	-	x	x	-	x	-
か ら ふ と ま す　(4)	x	-	x	-	-	-	-	x	x	-	x	-
さ く ら ま す　(5)	x	-	x	-	-	-	-	x	x	-	x	-
その他のさけ・ます類　(6)	x	-	x	-	0	1	-	x	x	-	x	-
わ　か　さ　ぎ　(7)	x	-	x	-	-	-	-	x	x	-	x	-
あ　　　ゆ　(8)	x	0	x	-	3	4	-	x	x	-	x	1
し ら う お　(9)	x	-	x	-	-	-	-	x	x	-	x	-
こ　　　い　(10)	x	-	x	-	-	0	-	x	x	-	x	-
ふ　　　な　(11)	x	-	x	-	-	0	-	x	x	-	x	-
うぐい・おいかわ　(12)	x	-	x	-	-	0	-	x	x	-	x	-
う　な　ぎ　(13)	x	-	x	-	0	0	-	x	x	-	x	0
は　ぜ　類　(14)	x	-	x	-	-	0	-	x	x	-	x	-
その他の魚類　(15)	x	-	x	-	-	-	-	x	x	-	x	-
貝　類　　計　(16)	x	-	x	-	-	-	-	x	x	-	x	-
し　じ　み　(17)	x	-	x	-	-	-	-	x	x	-	x	-
その他の貝類　(18)	x	-	x	-	-	-	-	x	x	-	x	-
その他の水産動植物類計　(19)	x	-	x	-	-	-	-	x	x	-	x	-
え　び　類　(20)	x	-	x	-	-	-	-	x	x	-	x	-
その他の水産動植物類　(21)	x	-	x	-	-	-	-	x	x	-	x	-
1) 天 然 産 種 苗 採 捕 量												
あ　　　ゆ　(22)	x	0	x	-	-	-	-	x	x	-	x	0
う　な　ぎ　(23)	x	-	x	-	-	-	-	x	x	-	x	-

注：1) は、漁獲量の内数である。

単位：t

| 野　　川 | | | 由良川（京都） | 円山川（兵庫） | 揖保川（兵庫） | 紀　の　川 | | | 有田川（和歌山） | 日高川（和歌山） | 千代川（鳥取） | 日野川（鳥取） | 江の川 | |
三重	奈良	和歌山				計	奈良	和歌山					計	
0	x	x	x	x	x	2	0	2	x	x	x	x	37	(1)
0	x	x	x	x	x	2	0	2	x	x	x	x	35	(2)
-	x	x	x	x	x	-	-	-	x	x	x	x	-	(3)
-	x	x	x	x	x	-	-	-	x	x	x	x	-	(4)
-	x	x	x	x	x	-	-	-	x	x	x	x	-	(5)
-	x	x	x	x	x	0	-	0	x	x	x	x	1	(6)
-	x	x	x	x	x	-	-	-	x	x	x	x	-	(7)
0	x	x	x	x	x	2	0	2	x	x	x	x	30	(8)
-	x	x	x	x	x	-	-	-	x	x	x	x	-	(9)
-	x	x	x	x	x	-	-	-	x	x	x	x	1	(10)
-	x	x	x	x	x	-	-	-	x	x	x	x	0	(11)
-	x	x	x	x	x	0	-	0	x	x	x	x	1	(12)
-	x	x	x	x	x	-	-	-	x	x	x	x	1	(13)
-	x	x	x	x	x	-	-	-	x	x	x	x	-	(14)
-	x	x	x	x	x	0	-	0	x	x	x	x	2	(15)
-	x	x	x	x	x	-	-	-	x	x	x	x	-	(16)
-	x	x	x	x	x	-	-	-	x	x	x	x	-	(17)
-	x	x	x	x	x	-	-	-	x	x	x	x	-	(18)
-	x	x	x	x	x	-	-	-	x	x	x	x	2	(19)
-	x	x	x	x	x	-	-	-	x	x	x	x	-	(20)
-	x	x	x	x	x	-	-	-	x	x	x	x	2	(21)
-	x	x	x	x	x	0	0	-	x	x	x	x	0	(22)
-	x	x	x	x	x	-	-	-	x	x	x	x	-	(23)

2　内水面漁業漁獲量（続き）
(3)　魚種別・河川別漁獲量（続き）

魚　　種	江の川（続き）島根	江の川（続き）広島	高津川（島根）	吉井川（岡山）	高梁川 計	高梁川 岡山	高梁川 広島	番川（岡山）	太田川（広島）	錦川（山口）	吉野 計	吉野 徳島
合　　　　　　　　計 (1)	x	x	x	8	15	x	x	x	2	14	25	24
魚　　類　　計 (2)	x	x	x	8	15	x	x	x	2	14	17	16
さ　け　類 (3)	x	x	x	-	-	x	x	x	-	-	-	-
か ら ふ と ま す (4)	x	x	x	-	-	x	x	x	-	-	-	-
さ く ら ま す (5)	x	x	x	-	-	x	x	x	-	-	0	0
その他のさけ・ます類 (6)	x	x	x	2	1	x	x	x	0	0	1	1
わ　か　さ　ぎ (7)	x	x	x	-	0	x	x	x	-	-	0	0
あ　　　　　ゆ (8)	x	x	x	4	11	x	x	x	2	13	4	4
し　ら　う　お (9)	x	x	x	-	-	x	x	x	-	-	0	0
こ　　　　　い (10)	x	x	x	-	-	x	x	x	-	0	0	0
ふ　　　　　な (11)	x	x	x	0	0	x	x	x	-	0	0	0
う ぐ い・お い か わ (12)	x	x	x	1	2	x	x	x	-	0	0	0
う　な　ぎ (13)	x	x	x	1	0	x	x	x	0	0	0	0
は　ぜ　類 (14)	x	x	x			x	x	x	0	-	0	0
そ の 他 の 魚 類 (15)	x	x	x	-	-	x	x	x	-	0	11	11
貝　　類　　計 (16)	x	x	x	-	-	x	x	x	0	-	8	8
し　じ　み (17)	x	x	x	⌐	-	x	x	x	0	-	7	7
そ の 他 の 貝 類 (18)	x	x	x	-	-	x	x	x	-	-	1	1
その他の水産動植物類計 (19)	x	x	x	-	-	x	x	x	0	0	1	1
え　び　類 (20)	x	x	x	-	-	x	x	x	-	-	1	1
その他の水産動植物類 (21)	x	x	x	-	-	x	x	x	0	0	0	0
1) 天 然 産 種 苗 採 捕 量												
あ　　　　　ゆ (22)	x	x	x	0	-	x	x	x	-	-	-	-
う　な　ぎ (23)	x	x	x	-	-	x	x	x	-	-	0	0

注：1) は、漁獲量の内数である。

単位：t

川		勝浦川（徳島）	仁　淀　川			肱川（愛媛）	四　万　十　川			筑　後　川				
愛媛	高知		計	愛媛	高知		計	愛媛	高知	計	福岡	佐賀	熊本	
x	x	9	x	x	x	x	28	x	x	140	86	6	x	(1)
x	x	9	x	x	x	x	20	x	x	98	46	5	x	(2)
x	x	-	x	x	x	x	-	x	x	-	-	-	x	(3)
x	x	-	x	x	x	x	-	x	x	-	-	-	x	(4)
x	x		x	x	x	x		x	x				x	(5)
x	x	0	x	x	x	x	0	x	x	1	0	-	x	(6)
x	x	-	x	x	x	x	-	x	x	3	3	-	x	(7)
x	x	9	x	x	x	x	15	x	x	42	2		x	(8)
x	x	-	x	x	x	x	-	x	x	0	0		x	(9)
x	x	-	x	x	x	x	0	x	x	8	5	0	x	(10)
x	x	-	x	x	x	x	0	x	x	10	9	1	x	(11)
x	x	-	x	x	x	x	0	x	x	7	5	0	x	(12)
x	x	0	x	x	x	x	3	x	x	5	4	0	x	(13)
x	x	-	x	x	x	x	1	x	x	1	1	-	x	(14)
x	x	0	x	x	x	x	1	x	x	21	17	4	x	(15)
x	x	-	x	x	x	x	-	x	x	33	33	0	x	(16)
x	x	-	x	x	x	x	-	x	x	33	33	0	x	(17)
x	x	-	x	x	x	x	-	x	x	0	0	-	x	(18)
x	x	-	x	x	x	x	8	x	x	8	8		x	(19)
x	x	-	x	x	x	x	0	x	x	4	4	0	x	(20)
x	x	-	x	x	x	x	8	x	x	4	4	0	x	(21)
x	x	-	x	x	x	x	-	x	x	-	-	-	x	(22)
x	x	0	x	x	x	x	0	x	x	0	0	0	x	(23)

2 内水面漁業漁獲量（続き）
（3） 魚種別・河川別漁獲量（続き）

単位：t

魚　　　種	筑後川(続き) 大分	(菊池川)熊本	(緑川)熊本	(球磨川)熊本	(大分川)大分	(大野川)大分	(一ツ瀬川)宮崎	大　淀　川 計	熊本	宮崎	鹿児島
合　　　　　計	x	x	x	x	x	x	2	38	x	37	x
魚　　類　　計	x	x	x	x	x	x	2	31	x	30	x
さ　け　類	x	x	x	x	x	x	－	－	x	－	x
からふとます	x	x	x	x	x	x	－	－	x	－	x
さくらます	x	x	x	x	x	x	－	－	x	－	x
その他のさけ・ます類	x	x	x	x	x	x	0	1	x	1	x
わ　か　さ　ぎ	x	x	x	x	x	x	－	－	x	－	x
あ　　　　ゆ	x	x	x	x	x	x	0	9	x	9	x
し　ら　う　お	x	x	x	x	x	x	0	－	x	－	x
こ　　　　い	x	x	x	x	x	x	0	3	x	3	x
ふ　　　な	x	x	x	x	x	x	0	1	x	1	x
うぐい・おいかわ	x	x	x	x	x	x	0	1	x	1	x
う　　な　　ぎ	x	x	x	x	x	x	0	2	x	2	x
は　ぜ　類	x	x	x	x	x	x	0	0	x	0	x
その他の魚類	x	x	x	x	x	x	1	12	x	12	x
貝　　類　　計	x	x	x	x	x	x	0	2	x	2	x
し　じ　み	x	x	x	x	x	x	0	2	x	2	x
その他の貝類	x	x	x	x	x	x	－	－	x	－	x
その他の水産動植物類計	x	x	x	x	x	x	0	5	x	5	x
え　び　類	x	x	x	x	x	x		0	x	0	x
その他の水産動植物類	x	x	x	x	x	x	0	4	x	4	x
1) 天然産種苗採捕量											
あ　　　　ゆ	x	x	x	x	x	x		－	x	－	x
う　　な　　ぎ	x	x	x	x	x	x	0	0	x	0	x

注：1)は、漁獲量の内数である。

(4) 魚種別・湖沼別漁獲量

単位：t

魚　　種	湖沼計	クッチャロ湖（北海道）	網走湖（北海道）	十三湖（青森）	小川原湖（青森）	十　和　田　湖			八郎湖（秋田）	猪苗代湖（福島）	涸沼（茨城）
						計	青森	秋田			
合　　　　　計	11,829	x	x	x	x	x	x	x	x	x	x
魚　　類　　計	3,006	x	x	x	x	x	x	x	x	x	x
さ　け　類	–	x	x	x	x	x	x	x	x	x	x
からふとます	–	x	x	x	x	x	x	x	x	x	x
さくらます	–	x	x	x	x	x	x	x	x	x	x
その他のさけ・ます類	40	x	x	x	x	x	x	x	x	x	x
わ　か　さ　ぎ	870	x	x	x	x	x	x	x	x	x	x
あ　　　　ゆ	375	x	x	x	x	x	x	x	x	x	x
し　ら　う　お	565	x	x	x	x	x	x	x	x	x	x
こ　　　　い	104	x	x	x	x	x	x	x	x	x	x
ふ　　　　な	328	x	x	x	x	x	x	x	x	x	x
うぐい・おいかわ	98	x	x	x	x	x	x	x	x	x	x
う　な　ぎ	26	x	x	x	x	x	x	x	x	x	x
は　ぜ　類	96	x	x	x	x	x	x	x	x	x	x
その他の魚類	504	x	x	x	x	x	x	x	x	x	x
貝　　類　　計	8,545	x	x	x	x	x	x	x	x	x	x
し　じ　み	8,542	x	x	x	x	x	x	x	x	x	x
その他の貝類	3	x	x	x	x	x	x	x	x	x	x
その他の水産動植物類計	279	x	x	x	x	x	x	x	x	x	x
え　び　類	249	x	x	x	x	x	x	x	x	x	x
その他の水産動植物類	30	x	x	x	x	x	x	x	x	x	x
1) 天然産種苗採捕量											
あ　　　　ゆ	57	x	x	x	x	x	x	x	x	x	x
う　な　ぎ	–	x	x	x	x	x	x	x	x	x	x

注：1)は、漁獲量の内数である。

2 内水面漁業漁獲量（続き）
(4) 魚種別・湖沼別漁獲量（続き）

魚　　種	霞ヶ浦（茨城）	北浦（茨城）	中禅寺湖（栃木）	印旛沼（千葉）	手賀沼（千葉）	芦ノ湖（神奈川）	山中湖（山梨）	河口湖（山梨）	西湖（山梨）	諏訪湖（長野）	琵琶湖（滋賀）
合　　　　　計 (1)	683	46	x	x	x	x	x	x	x	x	896
魚　　類　　計 (2)	521	46	x	x	x	x	x	x	x	x	779
さ　け　類 (3)	–	–	x	x	x	x	x	x	x	x	–
か ら ふ と ま す (4)	–	–	x	x	x	x	x	x	x	x	–
さ く ら ま す (5)	–	–	x	x	x	x	x	x	x	x	–
その他のさけ・ます類 (6)	–	–	x	x	x	x	x	x	x	x	29
わ　か　さ　ぎ (7)	118	1	x	x	x	x	x	x	x	x	60
あ　　　　ゆ (8)			x	x	x	x	x	x	x	x	375
し　ら　う　お (9)	154	7	x	x	x	x	x	x	x	x	–
こ　　　　い (10)	–	2	x	x	x	x	x	x	x	x	5
ふ　　　　な (11)	0	3	x	x	x	x	x	x	x	x	60
うぐい・おいかわ (12)	–	–	x	x	x	x	x	x	x	x	4
う　　な　　ぎ (13)	1	0	x	x	x	x	x	x	x	x	3
は　　ぜ　　類 (14)	2	0	x	x	x	x	x	x	x	x	89
そ の 他 の 魚 類 (15)	247	33	x	x	x	x	x	x	x	x	153
貝　　類　　計 (16)	–	–	x	x	x	x	x	x	x	x	44
し　じ　み (17)	–	–	x	x	x	x	x	x	x	x	41
そ の 他 の 貝 類 (18)	–	–	x	x	x	x	x	x	x	x	3
その他の水産動植物類計 (19)	162	0	x	x	x	x	x	x	x	x	74
え　　び　　類 (20)	133	0	x	x	x	x	x	x	x	x	73
その他の水産動植物類 (21)	28	–	x	x	x	x	x	x	x	x	1
1) 天 然 産 種 苗 採 捕 量											
あ　　　　ゆ (22)	–	–	x	x	x	x	x	x	x	x	57
う　　な　　ぎ (23)	–	–	x	x	x	x	x	x	x	x	–

注：1)は、漁獲量の内数である。

単位：t

湖山池（鳥取）	東郷池（鳥取）	宍道湖（島根）	神西湖（島根）	児島湖（岡山）	
x	x	x	x	x	(1)
x	x	x	x		(2)
x	x	x	x	x	(3)
x	x	x	x	x	(4)
x	x	x	x	x	(5)
x	x	x	x	x	(6)
x	x	x	x	x	(7)
x	x	x	x	x	(8)
x	x	x	x	x	(9)
x	x	x	x	x	(10)
x	x	x	x	x	(11)
x	x	x	x	x	(12)
x	x	x	x	x	(13)
x	x	x	x	x	(14)
x	x	x	x	x	(15)
x	x	x	x	x	(16)
x	x	x	x	x	(17)
x	x	x	x	x	(18)
x	x	x	x	x	(19)
x	x	x	x	x	(20)
x	x	x	x	x	(21)
x	x	x	x	x	(22)
x	x	x	x	x	(23)

3　都道府県別・内水面養殖業収獲量
（1）　魚種別収獲量

都道府県	計	魚類		あゆ	こい	うなぎ	その他 1)
		ます類					
		にじます	その他				
	t	t	t	t	t	t	t
全　　　国	31,216	4,651	2,537	4,089	2,741	17,071	127
北　海　道	158	120	38	x	x	-	…
青　　　森	54	41	10	x	x	-	…
岩　　　手	234	158	73	x	x	-	…
宮　　　城	240	146	82	x	x	-	…
秋　　　田	53	10	18	x	x	-	…
山　　　形	171	48	32	6	84	-	…
福　　　島	1,256	271	141	x	830	x	…
茨　　　城	1,099	x	x	-	970	-	127
栃　　　木	739	284	130	310	x	x	…
群　　　馬	302	163	56	6	77	-	…
埼　　　玉	1	x	x	-	-	-	…
千　　　葉	89	x	-	39	-	x	…
東　　　京	41	23	x	x	-	-	…
神　奈　川	54	17	25	12	-	-	…
新　　　潟	211	164	33	x	6	x	…
富　　　山	66	x	17	x	x	-	…
石　　　川	16	x	13	-	1	x	…
福　　　井	11	x	6	-	x	-	…
山　　　梨	967	692	252	7	x	x	…
長　　　野	1,591	696	737	x	127	x	…
岐　　　阜	1,323	186	227	910	x	x	…
静　　　岡	2,784	1,058	96	96	-	1,534	…
愛　　　知	5,725	167	x	1,171	x	4,357	…
三　　　重	231	x	7	x	-	211	…
滋　　　賀	377	x	54	292	x	-	…
京　　　都	14	x	2	-	x	-	…
大　　　阪	x	-	-	-	x	0	…
兵　　　庫	39	25	9	x	-	x	…
奈　　　良	14	x	13	x	-	0	…
和　歌　山	596	-	x	584	-	x	…
鳥　　　取	129	x	67	x	x	-	…
島　　　根	16	x	8	x	x	-	…
岡　　　山	59	11	39	x	x	6	…
広　　　島	68	34	32	x	x	x	…
山　　　口	45	x	x	24	-	-	…
徳　　　島	400	x	x	149	-	220	…
香　　　川	12	-	x	-	x	10	…
愛　　　媛	56	5	x	x	-	38	…
高　　　知	337	-	x	x	-	296	…
福　　　岡	277	-	3	x	x	13	…
佐　　　賀	5	x	x	-	-	x	…
長　　　崎	5	-	x	-	-	x	…
熊　　　本	375	45	76	99	18	136	…
大　　　分	193	x	62	98	x	17	…
宮　　　崎	3,604	33	50	126	326	3,070	…
鹿　児　島	7,169	79	x	x	x	7,086	…
沖　　　縄	x	-	-	-	-	x	…

注：1）は、3湖沼（琵琶湖、霞ヶ浦及び北浦）のみの調査である。

(2)　魚種別種苗販売量　　　　　　　　　　　　　　(3)　観賞魚販売量

都道府県	卵	稚　魚			1) その他の種苗	にしきごい
	ます類	ます類	あ　ゆ	こ　い		
	千粒	千尾	千尾	千尾	kg	尾
全　　　　国	79,520	38,037	112,959	1,867	–	2,764,141
北　海　道	11,540	852	–	–	…	x
青　　　森	–	407	x	–	…	x
岩　　　手	2,651	4,787	x	–	…	4,150
宮　　　城	780	3,950	x	x	…	x
秋　　　田	x	969	2,107	x	…	x
山　　　形	x	1,550	4,622	x	…	22,225
福　　　島	1,632	1,563	–	x	…	12,500
茨　　　城	x	x	–	–	–	–
栃　　　木	291	70	11,688	x	…	2,500
群　　　馬	3,144	1,428	1,456	199	…	x
埼　　　玉	–	–	–	–	…	93,062
千　　　葉	–	x	775	–	…	10,054
東　　　京	x	646	–	–	…	x
神　奈　川	x	–	1,261	–	…	x
新　　　潟	x	564	x	x	…	1,508,013
富　　　山	–	295	x	x	…	19,490
石　　　川	x	100	–	x	…	3,920
福　　　井	–	x	x	–	…	24,105
山　　　梨	4,430	1,593	x	x	…	47,800
長　　　野	31,788	5,212	1,106	–	…	10,500
岐　　　阜	5,902	4,947	x	–	…	18,793
静　　　岡	5,812	3,085	x	–	…	182,021
愛　　　知	x	x	x	–	…	72,174
三　　　重	692	139	1,560	–	…	8,418
滋　　　賀	1,312	555	22,510	–	–	x
京　　　都	–	x	–	–	…	x
大　　　阪	–	–	–	x	…	x
兵　　　庫	–	74	x	–	…	151,740
奈　　　良	545	109	–	–	…	852
和　歌　山	x	340	2,914	–	…	x
鳥　　　取	–	x	–	–	…	13,430
島　　　根	–	–	x	–	…	x
岡　　　山	–	620	x	–	…	23,560
広　　　島	x	65	x	–	…	160,079
山　　　口	–	–	4,278	–	…	52,150
徳　　　島	x	116	4,373	–	…	x
香　　　川	–	–	–	x	…	x
愛　　　媛	x	528	–	–	…	18,630
高　　　知	x	661	x	–	…	–
福　　　岡	–	–	1,325	–	…	205,468
佐　　　賀	–	x	–	–	…	x
長　　　崎	–	x	–	–	…	5,400
熊　　　本	163	478	3,285	x	…	52,530
大　　　分	325	134	914	–	…	3,650
宮　　　崎	1,265	707	8,520	–	…	x
鹿　児　島	–	x	–	–	…	–
沖　　　縄	–	–	–	–	…	–

注：1)は、3湖沼（琵琶湖、霞ヶ浦及び北浦）のみの調査である。

4 3湖沼生産量
(1) 漁業種類別・魚種別漁獲量
ア 琵琶湖

漁業種類	計	魚					ふな		うぐい・おいかわ	うなぎ
		小計	わかさぎ	ます	こあゆ	こい	にごろぶな	その他		
合計 (1)	896	779	60	29	375	5	36	24	4	3
底びき網 (2)	280	191	52	0	1	0	8	1	-	-
敷網 (3)	4	4	-	-	4	-	-	-	-	-
刺網 (4)	212	212	0	22	97	5	26	20	1	-
定置網 (5)	337	329	8	4	237	0	1	3	3	1
採貝 (6)	5	-	-	-	-	-	-	-	-	-
かご類 (7)	16	1	-	-	-	0	1	0	-	0
あゆ沖すくい (8)	37	37	-	-	37	-	-	-	-	-
投網 (9)	0	0	-	-	-	0	0	-	0	-
その他の漁業 (10)	6	5	-	3	0	0	-	-	-	2

注：1)は、漁獲量の内数である。なお、海産種苗採捕量については94ページ参照（以下統計表ウまで同じ。）。

イ 霞ヶ浦

漁業種類	計	魚			類					その他の魚類
		小計	わかさぎ	しらうお	こい	ふな	うなぎ	はぜ類	ぼら類	
合計 (1)	683	521	118	154	-	0	1	2	-	247
底びき網 (2)	666	504	118	154	-	-	0	1	-	232
刺網 (3)	0	0	-	-	-	0	-	-	-	-
定置網 (4)	16	16	-	-	-	-	-	0	1	15
採貝 (5)	-	-	-	-	-	-	-	-	-	-
その他の漁業 (6)	1	1	-	-	-	-	1	-	-	-

ウ 北浦

漁業種類	計	魚			類					その他の魚類
		小計	わかさぎ	しらうお	こい	ふな	うなぎ	はぜ類	ぼら類	
合計 (1)	46	46	1	7	2	3	0	0	-	33
底びき網 (2)	44	44	1	7	2	1	-	0	-	33
刺網 (3)	2	2	-	-	-	2	0	-	-	-
定置網 (4)	1	1	-	-	-	1	0	-	-	-
採貝 (5)	-	-	-	-	-	-	-	-	-	-
その他の漁業 (6)	0									

(2) 養殖魚種別収獲量、魚種別種苗販売量

湖沼名	食用養殖							真珠	種苗販売量				
	計	さけ・ます類		あゆ	こい	うなぎ	その他		卵	稚魚			その他の種苗
		にじます	その他のさけ・ます類						ます類	ます類	あゆ	こい	
	t	t	t	t	t	t	t	kg	千粒	千尾	千尾	千尾	kg
琵琶湖	-	-	-	-	-	-	-	19	x	-	-	-	-
霞ヶ浦	1,051	-	-	-	x	-	x	23	-	-	-	-	-
北浦	x	-	-	-	x	-	x	-	-	-	-	-	-

単位：t

	類					貝　　類			その他の水産動物類			1)天然産種苗			
はぜ類		もろこ類		はす	その他	小計	しじみ	その他	小計	えび類	その他の	小計	あゆ	うなぎ	
いさざ	その他	ほんもろこ	その他		の魚類			の貝類			水産動物類				
28	61	32	22	14	85	44	41	3	74	73	1	57	57	–	(1)
11	60	21	22	12	1	39	36	3	50	50	–	0	0	–	(2)
–	–	–	–	–	–	–	–	–	–	–	–	4	4	–	(3)
–	–	8	0	0	33	–	–	–	–	–	–	–	–	–	(4)
18	0	3	1	1	50	–	–	–	8	8	0	53	53	–	(5)
–	–	–	–	–	–	5	5	0	–	–	–	–	–	–	(6)
–	–	–	–	–	0	–	–	–	15	15	0	–	–	–	(7)
–	–	–	–	–	–	–	–	–	–	–	–	–	–	–	(8)
–	–	–	–	–	–	–	–	–	–	–	–	–	–	–	(9)
–	–	–	–	–	0	–	–	–	1	1	–	–	–	–	(10)

単位：t

貝　　類			その他の水産動物類			1)天然産種苗			
小計	しじみ	その他	小計	えび類	その他の	小計	あゆ	うなぎ	
		の貝類			水産動物類				
–	–	–	162	133	28	–	–	–	(1)
–	–	–	162	133	28	–	–	–	(2)
–	–	–	–	–	–	–	–	–	(3)
–	–	–	0	0	–	–	–	–	(4)
–	–	–	–	–	–	–	–	–	(5)
–	–	–	–	–	–	–	–	–	(6)

単位：t

貝　　類			その他の水産動物類			1)天然産種苗			
小計	しじみ	その他	小計	えび類	その他の	小計	あゆ	うなぎ	
		の貝類			水産動物類				
–	–	–	0	0	–	–	–	–	(1)
–	–	–	0	0	–	–	–	–	(2)
–	–	–	–	–	–	–	–	–	(3)
–	–	–	0	0	–	–	–	–	(4)
–	–	–	–	–	–	–	–	–	(5)
–	–	–	0	0	–	–	–	–	(6)

〔漁業・養殖業水域別生産統計（平成 30 年）の部〕

1　水域別漁業種類別生産量

漁業種類別		合計	海面 計	大西洋 小計	北西部(21)	北東部(27)	中西部(31)	中東部(34)	地中海(37)	南西部(41)	南東部(47)	南氷洋(48)
合計	(1)	4,421,043	3,359,366	32,162	394	1,833	176	13,393	-	82	15,910	373
海面漁業計	(2)	3,359,366	3,359,366	32,162	394	1,833	176	13,393	-	82	15,910	373
遠洋底びき網	(3)	8,078	8,078	-	-	-	-	-	-	-	-	-
以西底びき網	(4)	x	x	-	-	-	-	-	-	-	-	-
沖合底びき網1そうびき	(5)	196,355	196,355	-	-	-	-	-	-	-	-	-
沖合底びき網2そうびき	(6)	18,211	18,211	-	-	-	-	-	-	-	-	-
小型底びき網	(7)	382,650	382,650	-	-	-	-	-	-	-	-	-
船びき網	(8)	170,902	170,902	-	-	-	-	-	-	-	-	-
遠洋かつお・まぐろまき網	(9)	205,783	205,783	-	-	-	-	-	-	-	-	-
近海かつお・まぐろまき網	(10)	22,954	22,954	-	-	-	-	-	-	-	-	-
大中型1そうまき網その他	(11)	669,872	669,872	-	-	-	-	-	-	-	-	-
大中型2そうまき網	(12)	52,492	52,492	-	-	-	-	-	-	-	-	-
中・小型まき網	(13)	426,726	426,726	-	-	-	-	-	-	-	-	-
さけ・ます流し網	(14)	813	813	-	-	-	-	-	-	-	-	-
かじき等流し網	(15)	4,052	4,052	-	-	-	-	-	-	-	-	-
その他の刺網	(16)	123,659	123,659	-	-	-	-	-	-	-	-	-
さんま棒受網	(17)	128,947	128,947	-	-	-	-	-	-	-	-	-
大型定置網	(18)	235,124	235,124	-	-	-	-	-	-	-	-	-
さけ定置網	(19)	76,510	76,510	-	-	-	-	-	-	-	-	-
小型定置網	(20)	90,160	90,160	-	-	-	-	-	-	-	-	-
その他の網漁業	(21)	47,512	47,512	-	-	-	-	-	-	-	-	-
遠洋まぐろはえ縄	(22)	74,247	74,247	31,058	394	1,833	176	13,393	-	82	15,179	-
近海まぐろはえ縄	(23)	38,426	38,426	-	-	-	-	-	-	-	-	-
沿岸まぐろはえ縄	(24)	4,427	4,427	-	-	-	-	-	-	-	-	-
その他のはえ縄	(25)	21,896	21,896	439	-	-	-	-	-	-	66	373
遠洋かつお一本釣	(26)	54,808	54,808	-	-	-	-	-	-	-	-	-
近海かつお一本釣	(27)	30,333	30,333	-	-	-	-	-	-	-	-	-
沿岸かつお一本釣	(28)	16,166	16,166	-	-	-	-	-	-	-	-	-
遠洋いか釣	(29)	x	x	-	-	-	-	-	-	-	-	-
近海いか釣	(30)	14,657	14,657	-	-	-	-	-	-	-	-	-
沿岸いか釣	(31)	27,467	27,467	-	-	-	-	-	-	-	-	-
ひき縄釣	(32)	13,663	13,663	-	-	-	-	-	-	-	-	-
その他の釣	(33)	27,730	27,730	-	-	-	-	-	-	-	-	-
採貝・採藻	(34)	104,728	104,728	-	-	-	-	-	-	-	-	-
その他の漁業	(35)	65,755	65,755	665	-	-	-	-	-	-	665	-
海面養殖業	(36)	1,004,871	…	…	…	…	…	…	…	…	…	…
内水面漁業・養殖業	(37)	56,806	…	…	…	…	…	…	…	…	…	…

注：1　本統計は、平成30年漁業・養殖業生産統計結果を基に、国立研究開発法人水産研究・教育機構国際水産資源研究所及び東北区水産研究所が把握する漁業種類の漁獲量データを参考にして国際連合食糧農業機関（ＦＡＯ）が定める水域区分別に組み替えたものであり、ＦＡＯ統計に掲載されている数値とは異なる。
　　　2　対象期間は平成30年1月1日から12月31日までとした。なお、遠洋漁業等で年を越えて操業した場合は、陸揚げ等のために港に入港した日の属する年に計上しており、ＦＡＯ統計に掲載されている数値とは異なる（ＦＡＯ統計では、かつお・まぐろ等について、漁獲成績報告書に基づいた数値を利用し、漁獲した日の属する年に計上されている。）。
　　　3　表頭中の（　）書は、ＦＡＯの水域区分番号である。

単位：t

漁				業							海面養殖業	内水面漁業・養殖業	
イ	ン	ド	洋	太		平			洋				
小計	西部 (51)	東部 (57)	南氷洋 (58)	小計	北西部 (61)	北東部 (67)	中西部 (71)	中東部 (77)	南西部 (81)	南東部 (87)			
18,895	9,907	8,988	–	3,308,309	3,056,972	591	232,229	8,177	3,083	7,257	1,004,871	56,806	(1)
18,895	9,907	8,988	–	3,308,309	3,056,972	591	232,229	8,177	3,083	7,257	...	...	(2)
4,668	4,668	–	–	3,410	3,410	–	–	–	–	–	...	...	(3)
–	–	–	–	x	x	–	–	–	–	–	...	...	(4)
–	–	–	–	196,355	196,355	–	–	–	–	–	...	...	(5)
–	–	–	–	18,211	18,211	–	–	–	–	–	...	...	(6)
–	–	–	–	382,650	382,650	–	–	–	–	–	...	...	(7)
–	–	–	–	170,902	170,902	–	–	–	–	–	...	...	(8)
2,832	454	2,379	–	202,951	–	–	202,951	–	–	–	...	...	(9)
–	–	–	–	22,954	22,954	–	–	–	–	–	...	...	(10)
–	–	–	–	669,872	669,872	–	–	–	–	–	...	...	(11)
–	–	–	–	52,492	52,492	–	–	–	–	–	...	...	(12)
–	–	–	–	426,726	426,726	–	–	–	–	–	...	...	(13)
–	–	–	–	813	813	–	–	–	–	–	...	...	(14)
–	–	–	–	4,052	4,052	–	–	–	–	–	...	...	(15)
–	–	–	–	123,659	123,659	–	–	–	–	–	...	...	(16)
–	–	–	–	128,947	128,947	–	–	–	–	–	...	...	(17)
–	–	–	–	235,124	235,124	–	–	–	–	–	...	...	(18)
–	–	–	–	76,510	76,510	–	–	–	–	–	...	...	(19)
–	–	–	–	90,160	90,160	–	–	–	–	–	...	...	(20)
–	–	–	–	47,512	47,512	–	–	–	–	–	...	...	(21)
11,395	4,785	6,610	–	31,794	7,086	–	7,536	7,026	2,888	7,257	...	...	(22)
–	–	–	–	38,426	30,435	–	7,991	–	–	–	...	...	(23)
–	–	–	–	4,427	4,427	–	–	–	–	–	...	...	(24)
–	–	–	–	21,457	21,457	–	–	–	–	–	...	...	(25)
–	–	–	–	54,808	41,588	–	13,025	–	195	–	...	...	(26)
–	–	–	–	30,333	29,608	–	725	–	–	–	...	...	(27)
–	–	–	–	16,166	16,166	–	–	–	–	–	...	...	(28)
–	–	–	–	x	x	x	–	x	–	–	...	...	(29)
–	–	–	–	14,657	13,141	429	–	1,087	–	–	...	...	(30)
–	–	–	–	27,467	27,467	–	–	–	–	–	...	...	(31)
–	–	–	–	13,663	13,663	–	–	–	–	–	...	...	(32)
–	–	–	–	27,730	27,730	–	–	–	–	–	...	...	(33)
–	–	–	–	104,728	104,728	–	–	–	–	–	...	...	(34)
–	–	–	–	65,090	65,090	–	–	–	–	–	...	...	(35)
...	...	...	...	...	...	...	...	...	...	...	1,004,871	...	(36)
...	...	...	...	...	...	...	...	...	...	...	...	56,806	(37)

2　水域別魚種別生産量

魚種別		合計	海面 計	大西洋 小計	北西部(21)	北東部(27)	中西部(31)	中東部(34)	地中海(37)	南西部(41)	南東部(47)	南氷洋(48)
合計	(1)	4,421,043	3,359,366	32,162	394	1,833	176	13,393	－	82	15,910	373
魚類計	(2)	3,031,385	2,738,782	31,497	394	1,833	176	13,393	－	82	15,245	373
まぐろ類	(3)	182,826	165,185	20,017	349	1,765	150	7,768	－	62	9,922	－
くろまぐろ	(4)	25,525	7,884	2,081	316	1,765	－	－	－	－	－	－
みなみまぐろ	(5)	5,293	5,293	2,109	－	－	－	－	－	－	2,109	－
びんなが	(6)	42,369	42,369	3,389	－	－	31	180	－	5	3,173	－
めばち	(7)	36,581	36,581	9,585	32	－	28	5,694	－	52	3,778	－
きはだ	(8)	72,216	72,216	2,852	1	－	91	1,893	－	5	862	－
その他のまぐろ類	(9)	842	842	－	－	－	－	－	－	－	－	－
かじき類	(10)	12,303	12,303	1,133	15	－	16	635	－	17	449	－
まかじき	(11)	1,704	1,704	7	0	－	0	5	－	1	1	－
めかじき	(12)	7,515	7,515	784	15	－	5	423	－	16	326	－
くろかじき類	(13)	2,492	2,492	301	－	－	9	174	－	1	118	－
その他のかじき類	(14)	592	592	41	－	－	2	33	－	－	5	－
かつお類	(15)	259,833	259,833	3	－	－	－	0	－	－	3	－
かつお	(16)	247,716	247,716	3	－	－	－	0	－	－	3	－
そうだがつお類	(17)	12,117	12,117	－	－	－	－	－	－	－	－	－
さめ類	(18)	31,828	31,828	8,883	29	67	8	4,808	－	3	3,968	－
さけ・ます類	(19)	128,632	95,473	－	－	－	－	－	－	－	－	－
さけ類	(20)	108,701	83,952	－	－	－	－	－	－	－	－	－
ます類	(21)	19,931	11,521	－	－	－	－	－	－	－	－	－
このしろ	(22)	4,923	4,923	－	－	－	－	－	－	－	－	－
にしん	(23)	12,386	12,386	－	－	－	－	－	－	－	－	－
いわし類	(24)	738,925	738,925	－	－	－	－	－	－	－	－	－
まいわし	(25)	522,376	522,376	－	－	－	－	－	－	－	－	－
うるめいわし	(26)	54,815	54,815	－	－	－	－	－	－	－	－	－
かたくちいわし	(27)	111,226	111,226	－	－	－	－	－	－	－	－	－
しらす	(28)	50,509	50,509	－	－	－	－	－	－	－	－	－
あじ類	(29)	135,990	135,142	－	－	－	－	－	－	－	－	－
まあじ	(30)	118,598	117,751	－	－	－	－	－	－	－	－	－
むろあじ類	(31)	17,392	17,392	－	－	－	－	－	－	－	－	－
さば類	(32)	541,975	541,975	－	－	－	－	－	－	－	－	－
さんま	(33)	128,929	128,929	－	－	－	－	－	－	－	－	－
ぶり類	(34)	238,192	99,963	－	－	－	－	－	－	－	－	－
ひらめ・かれい類	(35)	50,000	47,814	－	－	－	－	－	－	－	－	－
ひらめ	(36)	8,750	6,564	－	－	－	－	－	－	－	－	－
かれい類	(37)	41,250	41,250	－	－	－	－	－	－	－	－	－
たら類	(38)	178,161	178,161	－	－	－	－	－	－	－	－	－
まだら	(39)	50,664	50,664	－	－	－	－	－	－	－	－	－
すけとうだら	(40)	127,497	127,497	－	－	－	－	－	－	－	－	－
ほっけ	(41)	33,669	33,669	－	－	－	－	－	－	－	－	－
きちじ	(42)	1,158	1,158	－	－	－	－	－	－	－	－	－
はたはた	(43)	4,716	4,716	－	－	－	－	－	－	－	－	－
にぎす類	(44)	2,761	2,761	－	－	－	－	－	－	－	－	－
あなご類	(45)	3,489	3,489	－	－	－	－	－	－	－	－	－
たちうお	(46)	6,493	6,493	－	－	－	－	－	－	－	－	－
たい類	(47)	86,059	25,323	－	－	－	－	－	－	－	－	－
まだい	(48)	76,811	16,075	－	－	－	－	－	－	－	－	－
ちだい・きだい	(49)	6,278	6,278	－	－	－	－	－	－	－	－	－
くろだい・へだい	(50)	2,969	2,969	－	－	－	－	－	－	－	－	－
いさき	(51)	3,988	3,988	－	－	－	－	－	－	－	－	－
さわら類	(52)	15,924	15,924	1	－	0	0	0	－	0	1	－
すずき類	(53)	5,870	5,870	－	－	－	－	－	－	－	－	－
いかなご	(54)	14,786	14,786	－	－	－	－	－	－	－	－	－
あまだい類	(55)	1,140	1,140	－	－	－	－	－	－	－	－	－
ふぐ類	(56)	9,114	4,947	－	－	－	－	－	－	－	－	－
その他の魚類	(57)	197,313	161,677	1,460	－	1	1	182	－	0	903	373
えび類計	(58)	16,532	14,645	－	－	－	－	－	－	－	－	－
いせえび	(59)	1,187	1,187	－	－	－	－	－	－	－	－	－
くるまえび	(60)	1,834	355	－	－	－	－	－	－	－	－	－
その他のえび類	(61)	13,512	13,103	－	－	－	－	－	－	－	－	－
かに類計	(62)	23,998	23,998	665	－	－	－	－	－	－	665	－
ずわいがに	(63)	4,075	4,075	－	－	－	－	－	－	－	－	－
べにずわいがに	(64)	14,093	14,093	－	－	－	－	－	－	－	－	－
がざみ類	(65)	2,211	2,211	－	－	－	－	－	－	－	－	－
その他のかに類	(66)	3,619	3,619	665	－	－	－	－	－	－	665	－
おきあみ類	(67)	13,698	13,698	－	－	－	－	－	－	－	－	－
貝類計	(68)	714,595	350,385	－	－	－	－	－	－	－	－	－
あわび類	(69)	909	909	－	－	－	－	－	－	－	－	－
さざえ	(70)	5,411	5,411	－	－	－	－	－	－	－	－	－
あさり類	(71)	7,736	7,736	－	－	－	－	－	－	－	－	－
ほたてがい	(72)	478,726	304,767	－	－	－	－	－	－	－	－	－
その他の貝類	(73)	221,814	31,562	－	－	－	－	－	－	－	－	－
いか類計	(74)	83,591	83,591	－	－	－	－	－	－	－	－	－
するめいか	(75)	47,712	47,712	－	－	－	－	－	－	－	－	－
あかいか	(76)	4,952	4,952	－	－	－	－	－	－	－	－	－
その他のいか類	(77)	30,927	30,927	－	－	－	－	－	－	－	－	－
たこ類	(78)	36,161	36,161	－	－	－	－	－	－	－	－	－
うに類	(79)	7,629	7,629	－	－	－	－	－	－	－	－	－
海産ほ乳類	(80)	344	344	－	－	－	－	－	－	－	－	－
1)その他の水産動物類	(81)	23,564	11,234	－	－	－	－	－	－	－	－	－
海藻類計	(82)	469,546	78,899	－	－	－	－	－	－	－	－	－
こんぶ類	(83)	89,409	55,877	－	－	－	－	－	－	－	－	－
わかめ類	(84)	50,775	50,775	…	…	…	…	…	…	…	…	…
その他の海藻類	(85)	329,362	23,022	－	－	－	－	－	－	－	－	－

注：　1　本統計は、平成30年漁業・養殖業生産統計結果を基に、国立研究開発法人水産研究・教育機構国際水産資源研究所及び東北区水産研究所が把握する漁業種類の漁獲量データを参考にして国際連合食糧農業機関（ＦＡＯ）が定める水域区分別に組み替えたものであり、ＦＡＯ統計に掲載されている数値とは異なる。
　　　2　対象期間は平成30年1月1日から12月31日までとした。なお、遠洋漁業等で年を越えて操業した場合は、陸揚げ等のために港に入港した日の属する年に計上しており、ＦＡＯ統計に掲載されている数値とは異なる（ＦＡＯ統計では、かつお・まぐろ等について、漁獲成績報告書に基づいた数値を利用し、漁獲した日の属する年に計上されている。）。
　　　3　表頭中の（　）書は、ＦＡＯの水域区分番号である。
　　　1)は、内水面漁業における藻類の漁獲量を含む。

単位：t

インド洋				太平洋							海面養殖業	内水面漁業・養殖業	
小計	西部(51)	東部(57)	南氷洋(58)	小計	北西部(61)	北東部(67)	中西部(71)	中東部(77)	南西部(81)	南東部(87)			
18,895	9,907	8,988	–	3,308,309	3,056,972	591	232,229	8,177	3,083	7,257	1,004,871	56,806	(1)
18,895	9,907	8,988	–	2,688,390	2,438,795	–	232,229	7,026	3,083	7,257	249,491	43,112	(2)
10,269	4,006	6,263	–	134,899	63,309	–	59,454	5,320	2,437	4,379	17,641	…	(3)
–	–	–	–	5,803	5,798	–	2	–	2	–	17,641	…	(4)
1,635	330	1,306	–	1,548	–	–	–	–	1,548	–	…	…	(5)
1,905	391	1,514	–	37,074	31,175	–	3,988	329	680	902	…	…	(6)
3,593	677	2,916	–	23,403	7,276	–	8,959	4,276	176	2,716	…	…	(7)
3,136	2,608	527	–	66,228	18,218	–	46,505	715	30	760	…	…	(8)
–	–	–	–	842	842	–	–	–	–	–	…	…	(9)
675	360	314	–	10,495	6,591	–	1,032	1,292	175	1,405	…	…	(10)
39	27	12	–	1,658	1,317	–	35	112	25	170	…	…	(11)
406	149	257	–	6,325	4,159	–	252	687	142	1,085	…	…	(12)
145	110	35	–	2,045	852	–	685	414	4	90	…	…	(13)
84	74	10	–	467	264	–	60	78	4	60	…	…	(14)
2,154	305	1,849	–	257,676	86,063	–	171,418	8	174	13	…	…	(15)
2,154	305	1,849	–	245,559	73,949	–	171,415	8	174	13	…	…	(16)
0	0	0	–	12,117	12,114	–	3	–	–	–	…	…	(17)
607	395	212	–	22,339	21,028	–	125	161	181	844	…	…	(18)
–	–	–	–	95,473	95,473	–	–	–	–	–	18,053	15,106	(19)
–	–	–	–	83,952	83,952	–	–	–	–	–	18,053	6,696	(20)
–	–	–	–	11,521	11,521	–	–	–	–	–		8,411	(21)
–	–	–	–	4,923	4,923	–	–	–	–	–		…	(22)
–	–	–	–	12,386	12,386	–	–	–	–	–		…	(23)
–	–	–	–	738,925	738,925	–	–	–	–	–		…	(24)
–	–	–	–	522,376	522,376	–	–	–	–	–		…	(25)
–	–	–	–	54,815	54,815	–	–	–	–	–		…	(26)
–	–	–	–	111,226	111,226	–	–	–	–	–		…	(27)
–	–	–	–	50,509	50,509	–	–	–	–	–		…	(28)
–	–	–	–	135,142	135,142	–	–	–	–	–	848	…	(29)
–	–	–	–	117,751	117,751	–	–	–	–	–	848	…	(30)
–	–	–	–	17,392	17,392	–	–	–	–	–		…	(31)
–	–	–	–	541,975	541,975	–	–	–	–	–		…	(32)
–	–	–	–	128,929	128,929	–	–	–	–	–		…	(33)
–	–	–	–	99,963	99,963	–	–	–	–	–	138,229	…	(34)
1,819	1,819	–	–	45,995	45,995	–	–	–	–	–	2,186	…	(35)
–	–	–	–	6,564	6,564	–	–	–	–	–	2,186	…	(36)
1,819	1,819	–	–	39,431	39,431	–	–	–	–	–		…	(37)
–	–	–	–	178,161	178,161	–	–	–	–	–		…	(38)
–	–	–	–	50,664	50,664	–	–	–	–	–		…	(39)
–	–	–	–	127,497	127,497	–	–	–	–	–		…	(40)
–	–	–	–	33,669	33,669	–	–	–	–	–		…	(41)
–	–	–	–	1,158	1,158	–	–	–	–	–		…	(42)
–	–	–	–	4,716	4,716	–	–	–	–	–		…	(43)
–	–	–	–	2,761	2,761	–	–	–	–	–		…	(44)
–	–	–	–	3,489	3,489	–	–	–	–	–		…	(45)
–	–	–	–	6,493	6,493	–	–	–	–	–		…	(46)
–	–	–	–	25,323	25,323	–	–	–	–	–	60,736	…	(47)
–	–	–	–	16,075	16,075	–	–	–	–	–	60,736	…	(48)
–	–	–	–	6,278	6,278	–	–	–	–	–		…	(49)
–	–	–	–	2,969	2,969	–	–	–	–	–		…	(50)
–	–	–	–	3,988	3,988	–	–	–	–	–		…	(51)
0	0	0	–	15,923	15,922	–	0	0	0	0	…	…	(52)
–	–	–	–	5,870	5,870	–	–	–	–	–	…	…	(53)
–	–	–	–	14,786	14,786	–	–	–	–	–	…	…	(54)
–	–	–	–	1,140	1,140	–	–	–	–	–	…	…	(55)
–	–	–	–	4,947	4,947	–	–	–	–	–	4,166	…	(56)
3,372	3,021	351	–	156,845	155,668	–	199	244	116	617	7,631	28,005	(57)
–	–	–	–	14,645	14,645	–	–	–	–	–	1,478	409	(58)
–	–	–	–	1,187	1,187	–	–	–	–	–		…	(59)
–	–	–	–	355	355	–	–	–	–	–	1,478	…	(60)
–	–	–	–	13,103	13,103	–	–	–	–	–		409	(61)
–	–	–	–	23,333	23,333	–	–	–	–	–	…	…	(62)
–	–	–	–	4,075	4,075	–	–	–	–	–	…	…	(63)
–	–	–	–	14,093	14,093	–	–	–	–	–	…	…	(64)
–	–	–	–	2,211	2,211	–	–	–	–	–	…	…	(65)
–	–	–	–	2,954	2,954	–	–	–	–	–	…	…	(66)
–	–	–	–	13,698	13,698	–	–	–	–	–	…	…	(67)
–	–	–	–	350,385	350,385	–	–	–	–	–	351,104	13,106	(68)
–	–	–	–	909	909	–	–	–	–	–		…	(69)
–	–	–	–	5,411	5,411	–	–	–	–	–	…	…	(70)
–	–	–	–	7,736	7,736	–	–	–	–	–	…	…	(71)
–	–	–	–	304,767	304,767	–	–	–	–	–	173,959	…	(72)
–	–	–	–	31,562	31,562	–	–	–	–	–	177,145	13,106	(73)
–	–	–	–	83,591	81,849	591	–	1,151	–	–	…	…	(74)
–	–	–	–	47,712	47,712	–	–	–	–	–	…	…	(75)
–	–	–	–	4,952	3,209	591	–	1,151	–	–	…	…	(76)
–	–	–	–	30,927	30,927	–	–	–	–	–	…	…	(77)
–	–	–	–	36,161	36,161	–	–	–	–	–	…	…	(78)
–	–	–	–	7,629	7,629	–	–	–	–	–	…	…	(79)
–	–	–	–	344	344	–	–	–	–	–	…	…	(80)
–	–	–	–	11,234	11,234	–	–	–	–	–	12,150	179	(81)
–	–	–	–	78,899	78,899	–	–	–	–	–	390,647	…	(82)
–	–	–	–	55,877	55,877	–	–	–	–	–	33,532	…	(83)
…	…	…	–	…	…	…	…	…	…	…	50,775	…	(84)
–	–	–	–	23,022	23,022	–	–	–	–	–	306,340	…	(85)

参　考　表

1　漁業・養殖業累年生産量（昭和元年～令和元年）

(1)　部門別生産量　　　　　　　　　　　　　　　　　　**(2)　主要魚種別生産量**

単位：千t

年次	総生産量	海　面 計	漁　業	養殖業	内　水　面 計	漁　業	養殖業	まぐろ類	かつお類	かつお	い
昭和 元年 (1)	3,073	3,064	3,023	41	…	…	9	.44	69	…	528
2 (2)	3,249	3,238	3,193	45	…	…	11	41	86	…	608
3 (3)	3,097	3,085	3,039	46	…	…	12	44	77	…	676
4 (4)	3,130	3,118	3,069	49	…	…	12	60	72	…	767
5 (5)	3,187	3,173	3,136	38	…	…	13	63	69	…	789
6 (6)	3,377	3,362	3,310	52	…	…	14	65	80	…	1,026
7 (7)	3,557	3,541	3,492	49	…	…	16	60	67	…	1,153
8 (8)	4,064	4,046	3,997	49	…	…	18	63	77	…	1,525
9 (9)	4,272	4,253	4,179	74	…	…	19	58	85	…	1,467
10 (10)	3,977	3,957	3,864	93	…	…	20	68	73	…	1,378
11 (11)	4,328	4,307	4,217	91	…	…	21	76	101	…	1,628
12 (12)	4,041	4,020	3,929	91	…	…	21	62	106	…	1,208
13 (13)	3,677	3,658	3,581	76	…	…	20	57	121	…	1,084
14 (14)	3,681	3,661	3,585	76	…	…	20	86	101	…	1,091
15 (15)	3,526	3,507	3,428	78	…	…	19	86	116	…	866
16 (16)	3,835	3,814	3,703	111	…	…	21	46	92	…	974
17 (17)	3,606	3,579	3,481	98	…	…	26	46	80	…	861
18 (18)	3,356	3,325	3,237	88	…	…	32	39	52	…	587
19 (19)	2,459	2,438	2,377	61	…	…	21	23	40	…	371
20 (20)	1,825	1,812	1,751	61	…	…	13	12	20	…	260
21 (21)	2,107	2,100	2,075	25	…	…	7	15	41	…	359
22 (22)	2,286	2,281	2,257	24	…	…	4	25	49	…	349
23 (23)	2,518	2,514	2,477	37	…	…	5	16	41	…	375
24 (24)	2,761	2,720	2,666	54	42	38	4	33	46	…	472
25 (25)	3,377	3,308	3,256	52	69	63	6	59	85	…	563
26 (26)	4,291	4,223	4,133	90	67	61	6	93	118	100	706
27 (27)	4,626	4,564	4,450	114	63	53	9	128	109	86	588
28 (28)	4,524	4,458	4,313	145	66	57	9	135	88	73	660
29 (29)	4,542	4,450	4,304	146	92	82	9	154	120	100	620
30 (30)	4,908	4,813	4,659	154	95	83	12	181	123	100	697
31 (31)	4,773	4,692	4,488	180	104	91	13	233	124	98	642
32 (32)	5,408	5,313	5,067	245	95	81	14	280	118	97	716
33 (33)	5,506	5,413	5,198	214	94	78	15	280	171	147	634
34 (34)	5,885	5,794	5,568	225	91	75	15	332	187	167	551
35 (35)	6,193	6,103	5,818	285	90	74	16	390	94	79	498
36 (36)	6,711	6,610	6,287	322	101	82	19	431	163	144	545
37 (37)	6,865	6,760	6,397	363	105	84	20	450	191	170	511
38 (38)	6,698	6,590	6,200	390	108	85	23	453	161	113	424
39 (39)	6,351	6,232	5,869	363	119	89	30	427	194	167	383
40 (40)	6,908	6,761	6,382	380	146	113	33	430	167	136	477
41 (41)	7,103	6,963	6,558	405	140	103	36	398	259	229	481
42 (42)	7,851	7,712	7,241	470	139	97	42	367	211	182	441
43 (43)	8,670	8,515	7,993	522	155	103	52	353	191	169	459
44 (44)	8,613	8,449	7,976	473	164	112	52	333	209	182	459
45 (45)	9,315	9,147	8,598	549	168	119	48	291	232	203	442
46 (46)	9,909	9,757	9,149	609	151	101	50	308	192	172	496
47 (47)	10,213	10,048	9,400	648	165	109	56	318	254	223	527
48 (48)	10,763	10,584	9,793	791	179	114	64	342	356	322	731
49 (49)	10,808	10,629	9,749	880	179	112	67	349	374	347	725
50 (50)	10,545	10,346	9,573	773	199	127	72	311	274	259	862
51 (51)	10,656	10,455	9,605	850	201	124	77	368	351	331	1,395
52 (52)	10,757	10,549	9,688	861	208	126	82	337	323	309	1,752
53 (53)	10,828	10,600	9,683	917	228	138	90	385	385	370	1,882
54 (54)	10,590	10,359	9,477	883	231	136	95	363	347	330	2,056
55 (55)	11,122	10,900	9,909	992	221	128	94	378	377	354	2,442
56 (56)	11,319	11,103	10,143	960	216	124	92	360	305	289	3,339
57 (57)	11,388	11,170	10,231	938	219	122	96	372	320	303	3,595
58 (58)	11,967	11,756	10,697	1,060	211	117	94	357	369	353	4,082
59 (59)	12,816	12,612	11,501	1,111	204	107	97	366	468	446	4,514
60 (60)	12,171	11,965	10,877	1,088	206	110	96	391	339	315	4,198

注：　昭和元年から昭和23年までの内水面漁業は、海面漁業に含まれる。　　　　　　　注：1)は、海面養殖の「まあじ」を含む。
　　　内水面漁業の調査対象については、平成12年以前は全ての河川及び湖沼、
　　平成13年～15年は148河川及び28湖沼、平成16年～20年は106河川及び24湖沼、
　　平成21年～25年は108河川及び24湖沼、平成26年～30年は112河川及び24湖沼、
　　令和元年は113河川及び24湖沼の値である。

単位：千t

わ し 類		1) あ じ 類		さ ば 類	さ ん ま	た ら 類		い か な ご	い か 類		
まいわし	かたくちいわし		1) まあじ				すけとうだら			するめいか	
...	...	23	...	71	38	162	...	...	116	...	(1)
...	...	20	...	90	41	109	...	...	111	...	(2)
...	...	20	...	82	27	114	...	...	65	...	(3)
...	...	21	...	77	22	114	...	...	77	...	(4)
...	...	20	...	72	21	111	...	...	60	...	(5)
...	...	24	...	82	15	117	...	...	73	...	(6)
...	...	23	...	83	12	119	...	...	103	...	(7)
...	...	30	...	110	17	145	...	...	115	...	(8)
...	...	27	...	106	17	169	...	...	98	...	(9)
...	...	28	...	114	17	180	...	...	41	...	(10)
...	...	32	...	126	27	219	...	...	71	...	(11)
...	...	29	...	137	23	205	...	...	54	...	(12)
...	...	30	...	133	25	194	...	...	106	...	(13)
...	...	32	...	154	20	177	...	...	127	...	(14)
...	...	49	...	122	27	170	...	...	134	...	(15)
...	...	62	...	143	14	186	...	...	173	...	(16)
...	...	53	...	105	16	206	...	...	126	...	(17)
...	...	50	...	133	17	153	...	...	155	...	(18)
...	...	35	...	72	3	87	...	...	103	...	(19)
...	...	78	...	84	3	61	...	...	108	...	(20)
...	...	22	...	64	10	107	...	...	129	...	(21)
...	...	28	...	63	23	127	...	...	254	...	(22)
...	...	30	...	99	66	184	...	...	301	...	(23)
...	...	49	...	138	64	159	...	...	257	...	(24)
...	...	72	...	188	126	153	...	...	469	...	(25)
368	276	87	...	160	129	229	184	...	646	596	(26)
258	286	187	...	219	223	247	206	...	647	596	(27)
344	243	239	...	235	254	253	225	66	468	420	(28)
246	304	251	...	297	293	268	242	43	443	399	(29)
211	392	238	...	244	497	256	231	59	434	383	(30)
206	347	246	...	266	328	270	235	78	354	299	(31)
212	430	313	282	276	422	347	281	87	418	364	(32)
137	417	324	282	268	575	345	285	98	412	354	(33)
120	356	432	410	295	523	443	376	69	538	481	(34)
78	349	596	552	351	287	447	380	79	542	481	(35)
127	367	542	511	338	474	421	353	108	457	384	(36)
108	349	520	501	409	483	529	453	70	612	536	(37)
56	321	469	447	465	385	614	532	84	667	590	(38)
16	296	520	496	496	211	779	684	55	329	238	(39)
9	406	560	527	669	231	781	691	112	499	397	(40)
13	408	514	477	624	242	861	775	71	485	383	(41)
17	365	423	328	687	220	1,343	1,247	102	597	477	(42)
24	358	358	311	1,015	140	1,715	1,606	150	774	668	(43)
21	377	341	283	1,011	63	2,048	1,944	107	590	478	(44)
17	365	269	216	1,302	93	2,463	2,347	227	519	412	(45)
57	351	315	271	1,254	190	2,803	2,707	272	483	364	(46)
58	370	194	152	1,190	197	3,123	3,035	195	599	464	(47)
297	335	183	129	1,135	406	3,129	3,021	194	486	348	(48)
352	288	216	166	1,331	135	2,964	2,856	300	470	335	(49)
526	245	236	187	1,318	222	2,770	2,677	275	538	385	(50)
1,066	217	207	128	979	105	2,536	2,445	224	502	312	(51)
1,420	245	187	88	1,355	253	2,016	1,931	137	513	264	(52)
1,637	152	154	59	1,626	360	1,635	1,546	99	520	199	(53)
1,817	135	185	84	1,414	278	1,643	1,551	110	529	213	(54)
2,198	151	147	56	1,301	187	1,649	1,552	201	687	331	(55)
3,089	160	125	65	908	160	1,698	1,595	162	517	197	(56)
3,290	197	178	109	718	207	1,663	1,567	127	550	182	(57)
3,745	208	179	135	805	240	1,539	1,434	120	539	192	(58)
4,179	224	238	139	814	210	1,735	1,621	164	526	174	(59)
3,866	206	230	158	773	246	1,650	1,532	123	531	133	(60)

1 漁業・養殖業累年生産量（昭和元年～令和元年）（続き）
(1) 部門別生産量（続き）　　　　　　　　　　　　(2) 主要魚種別生産量（続き）

単位：千t

| 年次 | | 総生産量 | 海面 | | | 内水面 | | | まぐろ類 | かつお類 | | い |
			計	漁業	養殖業	計	漁業	養殖業			かつお	
昭和 61年	(61)	12,739	12,539	11,341	1,198	200	106	94	367	435	414	4,578
62	(62)	12,465	12,267	11,129	1,137	198	101	97	340	351	331	4,610
63	(63)	12,785	12,587	11,259	1,327	198	99	99	317	460	434	4,814
平成 元年	(64)	11,913	11,712	10,440	1,272	202	103	99	300	365	338	4,416
2	(65)	11,052	10,843	9,570	1,273	209	112	97	293	325	301	4,108
3	(66)	9,978	9,773	8,511	1,262	205	107	97	305	427	397	3,466
4	(67)	9,266	9,078	7,771	1,306	188	97	91	346	350	323	2,649
5	(68)	8,707	8,530	7,256	1,274	177	91	86	355	373	345	2,028
6	(69)	8,103	7,934	6,590	1,344	169	93	77	340	324	300	1,505
7	(70)	7,489	7,322	6,007	1,315	167	92	75	332	336	309	1,016
8	(71)	7,417	7,250	5,974	1,276	167	94	73	281	295	275	773
9	(72)	7,411	7,258	5,985	1,273	153	86	67	339	346	314	632
10	(73)	6,684	6,542	5,315	1,227	143	79	64	298	407	385	739
11	(74)	6,626	6,492	5,239	1,253	134	71	63	329	317	287	944
12	(75)	6,384	6,252	5,022	1,231	132	71	61	286	369	341	629
13	(76)	6,126	6,009	4,753	1,256	117	62	56	288	314	277	569
14	(77)	5,880	5,767	4,434	1,333	113	61	51	278	333	302	583
15	(78)	6,083	5,973	4,722	1,251	110	60	50	251	345	322	685
16	(79)	5,775	5,670	4,455	1,215	105	60	45	249	318	297	625
17	(80)	5,765	5,669	4,457	1,212	96	54	42	239	399	370	474
18	(81)	5,735	5,652	4,470	1,183	83	42	41	220	358	328	554
19	(82)	5,720	5,639	4,397	1,242	81	39	42	258	358	330	567
20	(83)	5,592	5,520	4,373	1,146	73	33	40	217	336	308	498
21	(84)	5,432	5,349	4,147	1,202	83	42	41	207	294	269	510
22	(85)	5,313	5,233	4,122	1,111	79	40	39	208	331	303	542
23	(86)	4,766	4,693	3,824	869	73	34	39	201	282	262	570
24	(87)	4,853	4,786	3,747	1,040	67	33	34	208	315	288	527
25	(88)	4,774	4,713	3,715	997	61	31	30	188	300	282	611
26	(89)	4,765	4,701	3,713	988	64	31	34	190	266	253	579
27	(90)	4,631	4,561	3,492	1,069	69	33	36	190	264	248	642
28	(91)	4,359	4,296	3,264	1,033	63	28	35	168	240	228	710
29	(92)	4,306	4,244	3,258	986	62	25	37	169	227	219	769
30	(93)	4,421	4,364	3,359	1,005	57	27	30	165	260	248	739
令和 元	(94)	4,197	4,144	3,228	915	53	22	31	161	237	229	807

注：1)は、海面養殖の「まあじ」を含む。

単位：千t

わ　　し　　類		1) あ　　じ　　類		さ　ば　類	さ　ん　ま	た　　ら　　類		いかなご	い　　か　　類		
まいわし	かたくち い わ し		1) ま　あ　じ				すけとう だ　ら			する め い　　か	
4,210	221	186	115	945	217	1,522	1,422	141	464	91	(61)
4,362	141	258	187	701	197	1,424	1,313	122	755	183	(62)
4,488	177	297	234	649	292	1,318	1,259	83	664	156	(63)
4,099	182	286	188	527	247	1,211	1,154	77	734	212	(64)
3,678	311	337	228	273	308	930	871	76	565	209	(65)
3,010	329	321	229	255	304	590	541	90	545	242	(66)
2,224	301	293	231	269	266	574	499	124	677	394	(67)
1,714	195	368	318	665	277	445	382	107	583	316	(68)
1,189	188	380	332	633	262	445	379	109	589	302	(69)
661	252	390	318	470	274	395	339	108	547	290	(70)
319	346	392	334	760	229	389	331	116	663	444	(71)
284	233	377	327	849	291	397	339	109	635	366	(72)
167	471	374	315	511	145	373	316	91	385	181	(73)
351	484	261	214	382	141	438	382	83	498	237	(74)
150	381	285	249	346	216	351	300	50	624	337	(75)
178	301	259	218	375	270	285	242	88	521	298	(76)
50	443	241	200	280	205	243	213	68	434	274	(77)
52	535	283	245	329	265	253	220	60	386	254	(78)
50	496	283	257	338	204	277	239	67	349	235	(79)
28	349	217	194	620	234	243	194	68	330	222	(80)
53	415	193	169	652	245	254	207	101	286	190	(81)
79	362	198	172	457	297	262	217	47	326	253	(82)
35	345	209	174	520	355	251	211	62	290	217	(83)
57	342	194	167	471	311	275	227	33	296	219	(84)
70	351	186	161	492	207	306	251	71	267	200	(85)
176	262	195	170	393	215	286	239	45	298	242	(86)
135	245	159	135	438	221	281	230	37	216	168	(87)
215	247	176	152	375	150	293	230	38	228	180	(88)
196	248	163	147	482	229	252	195	34	210	173	(89)
311	169	167	153	530	116	230	180	29	167	129	(90)
378	171	153	126	503	114	178	134	21	110	70	(91)
500	146	166	146	518	84	174	129	12	103	64	(92)
522	111	136	119	542	129	178	127	15	84	48	(93)
556	130	115	98	450	46	207	154	11	73	40	(94)

2 世界の漁業生産統計

(1) 主要魚種・年次別生産量

単位：千 t

FAO魚種分類		2014年 (平成26年)	2015 (27)	2016 (28)	2017 (29)	2018 (30)
世界合計	GRAND TOTAL	191,218	196,668	198,975	206,516	213,358
漁業計	Fishery total	91,599	92,776	90,796	94,341	97,589
内水面漁業	Catches in inland waters	11,067	11,175	11,386	11,954	12,010
海面漁業	Catches in marine fishing areas	80,532	81,601	79,410	82,387	85,578
淡水性魚類	Freshwater fishes	9,774	9,845	10,129	10,610	10,715
こい・ふな類	Carps, barbels and other cyprinids	1,560	1,521	1,593	1,682	1,806
ティラピア類	Tilapias and other cichlids	735	721	794	806	851
その他の淡水性魚類	Miscellaneous freshwater fishes	7,479	7,603	7,742	8,122	8,058
さく河・降海性魚類	Diadromous fishes	1,721	1,900	1,768	1,927	2,039
うなぎ類	River eels	9	8	7	7	8
さけ・ます類	Salmons, trouts, smelts	955	1,107	931	994	1,143
1) 上記以外のさく河・降海性魚類	Other diadromous fishes	757	785	830	925	888
海水性魚類	Marine fishes	63,895	65,192	64,693	67,196	70,582
ひらめ・かれい類	Flounders, halibuts, soles	1,049	958	990	976	975
たら・すけとうだら類	Cods, hakes, haddocks	8,705	8,931	8,999	9,434	9,321
にしん・いわし類	Herrings, sardines, anchovies	15,596	16,667	15,372	16,747	19,771
かつお・まぐろ類	Tunas, bonitos, billfishes	7,845	7,708	7,817	7,804	8,179
さめ・えい類	Sharks, rays, chimaeras	757	738	737	690	700
その他の底魚類	Miscellaneous demersal fishes	2,976	2,952	3,014	2,977	2,811
その他の沿岸性魚類	Miscellaneous coastal fishes	7,375	7,476	7,388	8,181	7,419
その他の浮魚類	Miscellaneous pelagic fishes	11,058	10,757	10,445	10,883	11,004
その他の海水性魚類	Marine fishes not identified	8,535	9,005	9,931	9,503	10,403
甲殻類	Crustaceans	6,605	6,616	6,457	6,542	6,486
淡水性甲殻類	Freshwater crustaceans	431	425	405	416	400
かに類	Crabs, sea-spiders	1,682	1,710	1,650	1,675	1,586
えび類	Lobsters, shrimps, prawns, etc.	3,757	3,783	3,754	3,833	3,825
2) 上記以外の甲殻類	Other crustaceans	735	698	648	619	675
軟体動物類	Molluscs	7,697	7,463	6,040	6,342	6,241
淡水性軟体動物類	Freshwater molluscs	348	336	316	328	285
貝類	Abalones, oysters, mussels, scallops, clams, etc.	1,701	1,593	1,535	1,597	1,659
いか・たこ類	Squids, cuttlefishes, octopuses	4,857	4,775	3,516	3,770	3,632
その他の海水性軟体動物類	Miscellaneous marine molluscs	793	759	674	648	664
その他の水産動物類 　　（鯨類を除く。）	Miscellaneous aquatic animals	682	667	585	584	557
藻類等	Seaweeds and other aquatic plants	1,208	1,079	1,110	1,126	954
養殖業計	Aquaculture total	99,619	103,892	108,179	112,175	115,769
魚介類	Fish and shellfish	70,506	72,776	76,474	79,497	82,305
こい・ふな類	Carps, barbels and other cyprinids	25,841	26,769	27,768	28,092	29,349
ティラピア類	Tilapias and other cichlids	5,161	5,461	5,590	5,925	6,036
うなぎ類	River eels	230	252	251	260	269
さけ・ます類	Salmons, trouts, smelts	3,418	3,397	3,332	3,497	3,552
かに類	Crabs, sea-spiders	346	355	399	406	407
えび類	Lobsters, shrimps, prawns, etc.	4,567	4,826	5,107	5,719	6,048
貝類	Abalones, oysters, mussels, scallops, clams, etc.	14,151	14,556	15,471	16,053	16,236
上記以外の魚介類	Other fish and shellfish	16,792	17,160	18,556	19,546	20,407
藻類等	Seaweeds etc.	29,064	31,075	31,650	32,613	33,438

資料：『Production Statistics 1950-2019』、『Capture Production 1950-2019』及び『Aquaculture Production 1950-2019』
注：1) は、ちょうざめ類、シャッド類、その他のさく河・降海性魚類を計上した。
　　2) は、おきあみ類、その他の甲殻類を計上した。

(2) 主要国（上位10国）・年次別生産量

単位：千 t

国　　名		2014年 （平成26年）	2015 (27)	2016 (28)	2017 (29)	2018 (30)
世界合計	GRAND TOTAL	191,218	196,668	198,975	206,516	213,358
漁業	Fishery	91,599	92,776	90,796	94,341	97,589
（藻類	aquatic plants ）	1,208	1,079	1,110	1,126	954
養殖業	aquaculture	99,619	103,892	108,179	112,175	115,769
中華人民共和国	China	73,684	76,017	78,338	79,935	80,966
漁業	Fishery	16,363	16,648	16,019	15,577	14,831
（藻類	aquatic plants ）	246	262	232	203	183
養殖業	aquaculture	57,321	59,369	62,318	64,358	66,135
インドネシア	Indonesia	20,906	22,389	22,587	22,905	23,034
漁業	Fishery	6,530	6,740	6,584	6,786	7,262
（藻類	aquatic plants ）	71	49	41	47	44
養殖業	aquaculture	14,375	15,649	16,002	16,118	15,772
インド	India	9,892	10,125	10,899	11,736	12,517
漁業	Fishery	4,999	4,862	5,197	5,551	5,336
（藻類	aquatic plants ）	19	19	21	20	16
養殖業	aquaculture	4,893	5,263	5,702	6,185	7,181
ベトナム	Viet Nam	6,099	6,336	6,659	7,146	7,509
漁業	Fishery	2,743	2,861	3,078	3,314	3,346
（藻類	aquatic plants ）	-	-	-	-	-
養殖業	aquaculture	3,355	3,475	3,582	3,832	4,163
ペルー	Peru	3,714	4,935	3,929	4,286	7,312
漁業	Fishery	3,599	4,844	3,829	4,185	7,209
（藻類	aquatic plants ）	26	20	32	28	39
養殖業	aquaculture	115	91	100	100	104
ロシア	Russian Federation	4,430	4,618	4,947	5,060	5,324
漁業	Fishery	4,266	4,464	4,773	4,874	5,119
（藻類	aquatic plants ）	7	7	14	9	8
養殖業	aquaculture	164	154	174	187	204
アメリカ合衆国	United States of America	5,411	5,469	5,354	5,478	5,223
漁業	Fishery	4,990	5,043	4,909	5,038	4,757
（藻類	aquatic plants ）	5	3	6	4	12
養殖業	aquaculture	421	426	445	440	466
日本	Japan	4,752	4,604	4,354	4,305	4,376
漁業	Fishery	3,730	3,498	3,286	3,282	3,341
（藻類	aquatic plants ）	92	94	81	70	79
養殖業	aquaculture	1,022	1,106	1,068	1,023	1,035
フィリピン	Philippines	4,587	4,503	4,229	4,128	4,357
漁業	Fishery	2,250	2,155	2,028	1,890	2,053
（藻類	aquatic plants ）	0	0	0	0	0
養殖業	aquaculture	2,338	2,348	2,201	2,238	2,304
バングラデシュ	Bangladesh	3,548	3,684	3,878	4,134	4,277
漁業	Fishery	1,591	1,624	1,675	1,801	1,871
（藻類	aquatic plants ）	-	-	-	-	-
養殖業	aquaculture	1,957	2,060	2,204	2,333	2,405

資料：『Production Statistics 1950-2019』、『Capture Production 1950-2019』及び『Aquaculture Production 1950-2019』

2 世界の漁業生産統計（続き）

(3) 主要魚種・国別生産量

単位：千ｔ

FAO魚種分類（属名）・国（地域）名		2014年 （平成26年）	2015 (27)	2016 (28)	2017 (29)	2018 (30)
世界合計	GRAND TOTAL	191,218	196,668	198,975	206,516	213,358
淡水性魚類	Freshwater fishes	49,830	51,449	53,672	55,248	56,782
中華人民共和国	China	24,679	25,673	26,485	26,642	26,499
インド	India	5,593	5,927	6,455	6,933	7,976
インドネシア	Indonesia	3,447	3,470	3,789	4,161	3,987
ベトナム	Viet Nam	2,550	2,658	2,701	2,866	3,133
バングラデシュ	Bangladesh	2,555	2,668	2,798	2,952	3,047
さけ・ます類	Salmons, trouts, smelts	4,373	4,504	4,263	4,491	4,696
ノルウェー	Norway	1,328	1,377	1,322	1,304	1,351
チリ	Chile	955	830	728	855	888
ロシア	Russian Federation	428	449	534	452	776
アメリカ合衆国	United States of America	372	528	297	496	303
イラン	Iran (Islamic Rep. of)	127	141	163	168	180
たら・すけとうだら類	Cods, hakes, haddocks	8,707	8,931	9,000	9,435	9,321
ロシア	Russian Federation	2,349	2,461	2,605	2,633	2,506
アメリカ合衆国	United States of America	2,034	1,967	2,114	2,204	2,088
ノルウェー	Norway	1,179	1,246	1,069	1,171	1,184
アイスランド	Iceland	523	567	553	575	693
フェロー諸島	Faroe Islands	308	372	371	442	438
にしん	Atlantic herring, etc. (Clupea ニシン属)	2,109	1,996	2,142	2,351	2,281
ノルウェー	Norway	407	313	352	527	500
ロシア	Russian Federation	441	453	478	540	463
デンマーク	Denmark	136	135	161	149	168
フィンランド	Finland	131	132	137	135	127
スウェーデン	Sweden	81	97	117	103	124
まいわし	Japanese pilchard, etc. (Sardinops マイワシ属)	686	642	727	754	859
日本	Japan	196	311	378	500	522
メキシコ	Mexico	174	55	108	61	121
中華人民共和国	China	151	146	139	119	106
ロシア	Russian Federation	0	0	7	17	62
南アフリカ	South Africa	97	96	79	39	39
かたくちいわし	European anchovy, etc. (Engraulis カタクチイワシ属)	5,127	6,394	4,968	5,782	8,777
ペルー	Peru	2,322	3,770	2,855	3,297	6,195
チリ	Chile	818	540	337	626	850
中華人民共和国	China	926	956	816	704	658
南アフリカ	South Africa	240	238	260	216	253
大韓民国	Korea, Republic of	221	212	141	211	189
かつお	Skipjack tuna (Katsuwonus カツオ属)	2,982	2,810	2,863	2,788	3,243
インドネシア	Indonesia	409	348	417	383	370
フィリピン	Philippines	184	149	126	111	258
大韓民国	Korea, Republic of	229	238	231	204	235
日本	Japan	233	224	202	197	215
パプアニューギニア	Papua New Guinea	173	153	201	179	210
まぐろ類	Southen bluefin tuna, etc. (Thunnus マグロ属)	2,298	2,348	2,439	2,498	2,557
インドネシア	Indonesia	281	308	310	295	358
日本	Japan	194	188	179	184	177
台湾	Taiwan Province of China	140	160	175	170	152
フィリピン	Philippines	106	99	89	89	126
メキシコ	Mexico	139	123	111	133	124

資料：FAO Online Query panels『Production Statistics 1950-2019』

単位：千 t

ＦＡＯ魚種分類（属名）・国（地域）名		2014年 (平成26年)	2015 (27)	2016 (28)	2017 (29)	2018 (30)
まあじ類	Atlantic horse mackerel, etc. (Trachurus マアジ属)	1,698	1,736	1,718	1,885	1,769
チリ	Chile	272	289	323	355	445
ナミビア	Namibia	269	322	331	322	306
日本	Japan	147	153	126	146	119
ロシア	Russian Federation	74	105	98	112	81
ベリーズ	Belize	24	37	37	49	77
さば類	Atlantic mackerel, etc. (Scomber サバ属)	1,436	1,269	1,175	1,231	1,059
イギリス	United Kingdom	288	248	217	229	193
ノルウェー	Norway	278	242	210	222	187
ロシア	Russian Federation	138	155	151	169	148
アイスランド	Iceland	170	168	170	166	136
フェロー諸島	・Faroe Islands	150	107	94	104	81
かに類	Crabs, sea-spiders	2,028	2,065	2,049	2,081	1,993
中華人民共和国	China	1,124	1,106	1,030	1,010	963
インドネシア	Indonesia	100	139	152	212	228
アメリカ合衆国	United States of America	130	141	139	118	124
カナダ	Canada	105	103	92	102	77
インド	India	51	53	63	60	65
えび類	Lobsters, squat-lobsters, shrimps, etc.	8,325	8,609	8,861	9,551	9,873
中華人民共和国	China	2,985	3,066	3,081	3,070	3,141
インドネシア	Indonesia	877	862	984	1,230	1,196
インド	India	811	898	945	1,114	1,130
ベトナム	Viet Nam	769	771	791	874	919
エクアドル	Ecuador	349	413	426	462	570
貝類	Abalones, oysters, mussels, scallops, clams, etc.	15,852	16,149	17,006	17,650	17,896
中華人民共和国	China	11,736	12,223	13,039	13,627	13,684
日本	Japan	789	705	640	593	701
アメリカ合衆国	United States of America	623	612	614	614	568
大韓民国	Korea, Republic of	413	395	410	481	505
チリ	Chile	282	258	352	399	420
いか・たこ類	Squids, cuttlefishes, octopuses	4,857	4,775	3,516	3,770	3,632
中華人民共和国	China	1,382	1,528	941	1,103	1,054
ペルー	Peru	627	539	336	304	364
ベトナム	Viet Nam	314	336	339	369	259
インドネシア	Indonesia	175	254	199	189	245
インド	India	173	213	231	252	221
藻類	Brown seaweeds, red seaweeds, green seaweeds, etc.	30,272	32,153	32,761	33,738	34,392
中華人民共和国	China	15,267	15,881	16,733	17,737	18,759
インドネシア	Indonesia	10,148	11,318	11,091	10,594	10,364
大韓民国	Korea, Republic of	1,097	1,205	1,361	1,770	1,719
フィリピン	Philippines	1,550	1,567	1,405	1,416	1,479
朝鮮民主主義人民共和国	Korea, Dem. People's Rep	502	502	553	553	603

3 水産物品目別輸入実績

品 目 名	2016年		2017		2018		2019	
	数 量	金 額	数 量	金 額	数 量	金 額	数 量	金 額
	t	100万円	t	100万円	t	100万円	t	100万円
総計	2,380,732	1,597,866	2,478,679	1,775,129	2,383,690	1,790,974	2,467,722	1,740,391
生きている魚計	15,583	50,394	14,136	32,209	15,919	64,173	13,956	60,135
こい・金魚（観賞用）	7	124	6	106	7	127	8	126
その他の観賞魚	111	1,614	101	1,580	104	1,610	96	1,537
うなぎの稚魚（生きているもの）	9	14,050	1	1,481	7	20,981	12	23,553
その他の養魚用の稚魚	1,837	4,054	1,483	3,157	1,493	3,293	1,588	3,636
うなぎ（生きているもの）	7,276	21,477	6,816	18,173	8,813	30,914	6,733	24,664
活魚（IQ魚、ぶり等）	1,020	686	1,326	751	1,375	969	1,224	991
その他の活魚（生きているもの）	4,907	7,313	4,816	7,978	4,120	6,279	4,295	5,630
魚類計	1,228,079	693,920	1,405,573	828,133	1,224,577	796,768	1,204,533	760,698
にしん（生、蔵、凍）	25,140	4,262	32,957	5,471	26,648	4,474	24,658	3,936
たら（生、蔵、凍）	47,340	19,600	47,990	21,305	46,072	21,627	42,147	19,875
たら・すけとうだらのすり身（凍）	107,617	32,813	135,134	38,036	121,178	40,550	111,989	41,184
ぶり（生、蔵、凍）	287	72	332	78	49	28	192	48
あじ（生、蔵、凍）	21,224	4,127	22,891	4,756	16,505	3,563	19,926	4,028
さんま（凍）	6,823	1,082	5,037	975	4,774	891	6,369	1,106
さば（生、蔵、凍）	74,253	15,529	63,386	13,581	68,966	16,015	66,204	17,034
いわし（生、蔵、凍）	277	56	490	93	306	77	5,710	275
たらの卵（生、蔵、凍）	36,049	27,702	42,051	31,803	40,602	29,957	42,763	26,658
IQ魚のフィレ（生、蔵、凍）	60,780	26,758	83,301	37,754	63,945	30,173	64,628	33,687
その他魚（生、蔵、凍、IQ）	4,246	4,473	3,288	2,182	2,272	1,274	3,346	1,418
かつお（生、蔵、凍）	27,209	4,491	47,350	8,565	32,285	5,224	36,838	5,567
まぐろ・かじき類（生、蔵、凍）	223,086	191,513	210,224	203,287	200,085	202,307	193,681	192,814
さけ・ます類（生、蔵、凍）	230,149	179,534	226,593	223,529	235,131	225,671	240,941	221,816
あゆ（凍）	433	322	422	318	346	256	310	227
ひらめ・かれい類（生、蔵、凍）	46,044	25,772	41,170	25,155	36,176	25,154	35,781	24,095
さわら（生、蔵、凍）	2,532	1,371	1,644	935	1,901	1,073	1,673	901
たちうお（生、蔵、凍）	518	255	528	291	703	350	414	197
たい（生、蔵、凍）	243	60	136	34	1,827	1,379	1,527	1,146
キングクリップ、バラクータ（生、蔵、凍）	402	154	432	159	324	118	322	99
さめ（生、蔵、凍）	535	1,531	107	220	208	355	106	197
ししゃも（凍）	18,951	6,058	21,702	7,735	22,133	8,169	14,370	6,155
ふぐ（生、蔵、凍）	4,750	1,706	4,931	1,974	3,477	1,193	3,253	1,088
ぎんだら（凍）	6,234	9,834	5,789	10,768	6,066	7,699	6,151	6,057
めぬけ（凍）	26,501	8,915	26,530	9,296	23,247	8,556	19,498	6,481
うなぎ（生、蔵、凍）	2	2	0	0	0	0	0	0
シーバス（生、蔵、凍）	0	0	0	1	0	0	0	0
いとより（すり身のものに限る）（凍）	20,478	6,511	20,827	6,825	20,365	6,832	17,973	6,119
その他の魚（生、蔵、凍）	52,397	18,017	59,005	22,861	62,881	27,070	50,794	21,084
その他の魚肉（生、蔵、凍）	113,782	47,789	106,925	46,220	112,752	51,860	123,586	56,807
めろ（生、蔵、凍）	550	644	361	449	272	332	168	158
その他の魚のフィレ（生、蔵、凍）	42,009	29,156	41,857	30,503	52,373	36,967	52,582	36,425

資料：財務省『貿易統計』

品 目 名	2016年		2017		2018		2019	
	数　量	金　額	数　量	金　額	数　量	金　額	数　量	金　額
	t	100万円	t	100万円	t	100万円	t	100万円
にしんの卵（生、蔵、凍）	2,769	2,251	1,344	1,207	948	1,028	1,150	1,225
にしん・たら以外の魚卵、肝臓、白子	11,383	16,176	15,705	33,729	19,761	36,547	15,482	22,788
甲殻類、軟体動物、水棲無脊椎動物計	435,187	409,451	461,433	460,593	398,168	426,499	403,928	409,089
えび（活、生、蔵、凍）	167,380	198,730	174,939	220,481	158,488	194,108	159,079	182,774
かに（活、生、蔵、凍）	36,495	65,529	29,745	59,566	26,892	61,372	27,717	64,881
その他の甲殻類（活、生、蔵、凍）	741	273	820	219	682	263	607	228
いか（もんごうを除く）（活、生、蔵、凍）	87,373	38,702	113,577	63,895	93,094	57,976	96,829	52,862
もんごういか（活、生、蔵、凍）	11,861	11,404	11,506	13,702	9,434	12,075	8,934	10,883
たこ（活、生、蔵、凍）	47,342	36,322	45,423	41,643	34,514	42,395	34,911	35,351
あわび（活、生、蔵、凍）	2,187	7,260	2,332	8,039	2,322	7,540	2,612	8,230
あさり（活、生、蔵、凍）	44,033	9,148	43,663	9,057	35,452	7,345	36,308	7,430
はまぐり（活、生、蔵、凍）	4,731	1,587	4,695	1,645	3,623	1,476	2,951	1,277
しじみ（活、生、蔵、凍）	3,456	582	3,735	669	3,744	713	3,436	639
帆立て貝（活、生、蔵、凍）	346	341	207	184	233	201	241	157
貝柱（活、生、蔵、凍）	584	782	531	763	695	705	671	784
赤貝（活）	3,457	1,277	3,595	1,261	3,316	1,300	3,321	1,381
い貝（活、生、蔵、凍）	114	76	121	85	111	78	119	90
かき（活、生、蔵、凍）	3,264	2,326	3,601	2,326	4,284	2,931	4,527	3,469
その他二枚貝（活、生、蔵、凍）	2,667	4,493	3,589	5,667	3,617	5,869	3,155	5,285
かたつむり（活、生、蔵、凍）海棲を除く	2	4	0	0	0	0	3	2
うに（活、生、蔵、凍）	10,822	19,242	11,017	21,147	10,786	20,184	11,161	23,489
くらげ（生、蔵、凍）	1,802	933	2,268	1,127	2,079	968	1,194	649
なまこ（活、生、蔵、凍）	1	5	–	–	–	–	0	0
その他軟体動物、水棲無脊椎動物（生、蔵、凍）	5,020	8,629	4,760	8,402	4,642	8,843	4,747	8,309
かえるの脚（生、蔵、凍）	23	26	22	24	18	22	52	59
鯨の肉及び海牛目の肉（生、蔵、凍）	1,042	736	1,289	691	141	134	1,351	862
塩、干、くん製品計	29,349	31,771	29,770	33,687	19,960	26,458	22,556	29,665
フィッシュミール（食用）	0	0	–	–	–	–	–	–
にしんの卵（塩、干、くん製品）	4,726	5,477	5,638	7,021	4,414	5,640	4,437	4,970
たらの卵（塩、干、くん製品）	1,128	1,253	1,294	1,429	1,301	1,561	1,312	1,541
さけ・ますの卵（塩蔵）	2,579	4,414	2,095	3,869	1,721	3,993	1,620	3,149
こんぶかずのこ（塩、干）	351	671	361	789	365	845	385	928
その他の魚卵等（塩、干）	1,164	1,638	1,173	1,650	1,286	1,934	1,769	2,479
さけ・ます（塩、干、くん製）	2,621	4,394	2,427	4,766	2,037	4,121	2,104	4,170
たら（塩、干、くん製）	22	33	45	70	175	185	69	100
かたくちいわし（塩）	8	6	8	7	8	6	7	5
その他の魚（塩、干）	1,065	715	543	481	1,419	1,058	285	217
その他魚（くん製）	488	304	503	320	431	279	440	287
ふかひれ	36	469	32	406	26	365	36	346
えび（塩、干、くん製）	1,004	1,004	1,399	1,483	2,385	3,156	1,915	2,461
かに（塩、干、くん製）	1	1	25	18	21	17	42	36

3　水産物品目別輸入実績（続き）

品　目　名	2016年		2017		2018		2019	
	数　量	金　額	数　量	金　額	数　量	金　額	数　量	金　額
	t	100万円	t	100万円	t	100万円	t	100万円
その他甲殻類（塩、干、くん製）	107	30	62	23	193	55	336	108
1）帆立て貝、貝柱（くん製）	1,238	831	0	1	0	0	9	18
その他軟体動物、無脊椎動物（くん製）	–	–	–	–	–	–	–	–
あわび（塩、干、くん製）	–	–	–	–	–	–	–	–
かき（塩、干、くん製）	104	130	80	96	97	107	94	103
い貝（塩、干、くん製）	12	15	1	5	1	4	6	10
その他二枚貝（塩、干、くん製）	24	7	23	6	4	3	1	1
2）いか（塩、干、くん製）	302	320	1,289	1,173	1,002	1,209	2,981	5,680
たこ（塩、干、くん製）	0	0	9	9	0	0	7	7
かたつむり等（塩、干、くん製）	–	–	–	–	–	–	–	–
貝柱（塩、干）	–	–	–	–	–	–	–	–
うに（塩、干）	129	713	123	842	93	516	104	583
くらげ（塩、干）	4,929	2,372	4,659	2,188	2,976	1,391	3,589	1,622
なまこ（塩、干）	1	5	0	1	0	1	0	4
その他軟体動物、無脊椎動物（塩、干、くん製）	15	17	14	16	6	13	27	59
寒天	1,813	4,948	1,875	5,276	1,914	5,374	1,701	4,643
油脂	22,421	6,869	20,040	5,697	16,367	4,430	23,549	5,884
3）真珠、真珠製品	63	40,577	62	41,660	53	41,745	51	38,762
調製品計	394,782	306,281	399,783	336,865	411,516	351,626	442,885	352,449
魚・甲殻類のエキス、ジュース	5,482	2,144	5,678	2,138	6,149	2,437	5,775	2,147
いくら調製品（気密以外）	1,442	4,306	1,540	6,486	1,014	4,733	721	2,554
キャビア及びその代用物	1,785	2,502	1,977	2,613	1,993	2,680	1,803	2,670
にしんの卵（気密容器）	–	–	–	–	–	–	–	–
にしんの卵調製品（気密以外）	291	499	191	337	191	346	226	407
たらの卵調製品	5,140	5,858	5,286	6,449	4,791	6,165	4,990	5,988
その他の魚卵調製品（気密以外）	192	205	210	311	218	332	152	288
さけ調製品（気密容器）	665	452	348	285	132	148	217	264
さけ調製品（気密以外）	11,614	10,642	11,673	12,073	10,473	11,943	10,230	12,510
にしん調製品	1,651	821	1,723	906	1,843	1,011	1,793	964
いわし調製品（気密容器）	2,478	1,343	2,743	1,504	3,737	2,097	7,993	4,065
いわし調製品（気密以外）	1,985	874	2,079	886	2,221	988	2,153	1,035
かつお調製品（気密容器）	15,784	8,208	15,033	8,900	15,754	9,572	17,182	9,816
かつお節	5,580	4,350	5,621	4,891	4,427	3,671	3,867	3,032
まぐろ（気密容器）	28,781	15,078	30,841	18,107	31,866	20,038	28,619	17,842
まぐろ・かつお・はがつお調製品	10,253	4,911	11,467	6,932	13,156	8,429	15,422	9,243
さば調製品	17,359	10,582	15,842	10,536	25,208	14,455	49,915	25,257
かたくちいわし調製品	1,309	1,695	1,884	2,508	2,643	3,884	1,578	2,308
うなぎ調製品	14,516	31,054	15,287	33,480	14,654	36,690	14,806	34,897
節類	3,226	1,660	1,908	1,031	2,476	1,511	2,521	1,483
その他魚の調製品	94,712	51,994	96,457	54,435	100,698	59,033	102,063	59,352

注：1）2016年までは「いか、帆立て貝、貝柱（くん製）」の値、2017年以降は「帆立て貝、貝柱（くん製）」の値である。
　　2）2017年以降は、1）の「いか」が分離し、「いか（塩、干、くん製）」に統合となった値である。
　　3）真珠、真珠製品の数量はkgである。

品　目　名	2016年		2017		2018		2019	
	数　量	金　額	数　量	金　額	数　量	金　額	数　量	金　額
	t	100万円	t	100万円	t	100万円	t	100万円
かに調製品（気密容器）	4,978	11,059	5,867	15,616	5,626	17,006	5,133	15,573
かに調製品（気密以外）	7,490	13,068	5,127	10,314	4,564	9,035	3,544	7,216
えび（くん製、水煮後冷凍等）	59,916	69,506	62,660	75,120	64,459	76,172	66,130	74,571
えび調製品（その他）	24	14	17	10	45	33	42	43
その他甲殻類調製品（非気密容器）	97	183	92	172	87	172	47	125
くらげ調製品（気密以外）	1	1	–	–	–	–	–	–
いか調製品（気密容器）	82	48	176	63	244	96	379	133
いか調製品（気密以外）	49,640	24,995	49,849	30,700	43,809	28,810	48,159	29,893
たこ調製品（気密容器）	15	26	1	5	1	4	0	0
たこ調製品（気密以外）	9,177	7,970	8,866	8,993	8,410	9,335	7,707	8,511
なまこ・うに調製品	150	435	99	322	88	310	86	371
かき調製品（気密容器）	15	14	28	23	23	20	14	13
かき調製品（気密以外）	1,695	1,004	1,610	998	1,550	1,087	1,176	785
あわび調製品	234	971	206	958	235	980	294	1,208
帆立貝調製品（気密以外）	2,895	2,738	3,529	3,255	3,825	3,028	3,626	2,668
その他軟体類（気密容器）	247	282	384	347	572	426	640	488
その他軟体類調製品（気密以外）	4,896	2,905	4,871	2,736	5,078	3,007	4,744	2,995
その他の水産物計	233,099	44,828	247,784	65,734	295,214	73,901	354,563	79,064
魚粉、ミール、ペレット（非食用）	153,736	23,560	174,087	26,547	189,207	30,275	213,288	31,748
甲殻類、軟体動物の粉（非食用）	3,744	874	5,656	8,658	6,129	1,502	6,633	1,588
海綿	3	58	2	53	2	56	2	45
食用海草（430平方cm以下）	2,447	5,934	2,788	9,256	3,070	8,813	3,329	9,449
あまのり属	201	202	183	218	146	149	213	238
ひじき	5,827	5,616	4,517	4,668	4,905	4,474	4,866	3,983
わかめ	25,016	11,106	23,215	10,598	23,730	10,187	26,471	9,641
その他の食用海草	2,911	2,099	2,972	2,145	2,939	2,023	3,943	3,117
ふのり属（非食用）	15	65	22	101	11	43	17	62
あまのり、あおのり、ひとえぐさ属等（非食用）	149	16	152	19	125	16	136	17
寒天原藻（てんぐさ科）	2,207	1,104	1,630	1,181	1,627	1,173	1,731	1,137
寒天原藻（その他）	649	129	1,657	285	1,341	233	774	120
その他の非食用海草	8,477	1,678	9,684	2,272	8,773	1,950	8,372	1,551
かめの甲（べっこう除く）	1	3	2	9	2	13	1	9
さんご	437	11	405	11	412	12	278	9
貝殻、軟体動物・甲殻類・棘皮動物の殻	6,928	990	7,361	948	8,115	976	7,999	903
魚の屑	17,387	1,948	13,581	1,422	11,104	1,707	14,286	3,130
孵化用の魚卵	1	52	2	127	1	71	2	83
アルテミアサリナの卵	48	446	35	333	44	414	50	327
その他の動物性生産品	29,847	2,562	36,522	4,713	30,021	3,949	58,014	5,327
魚膠・アイシングラス	85	100	32	50	33	57	22	48
魚・海棲哺乳動物のソリュブル	343	134	396	158	297	132	521	212
アンバーグリス・海狸香（牛黄除く）	236	219	311	275	178	195	257	257

［付］調査票

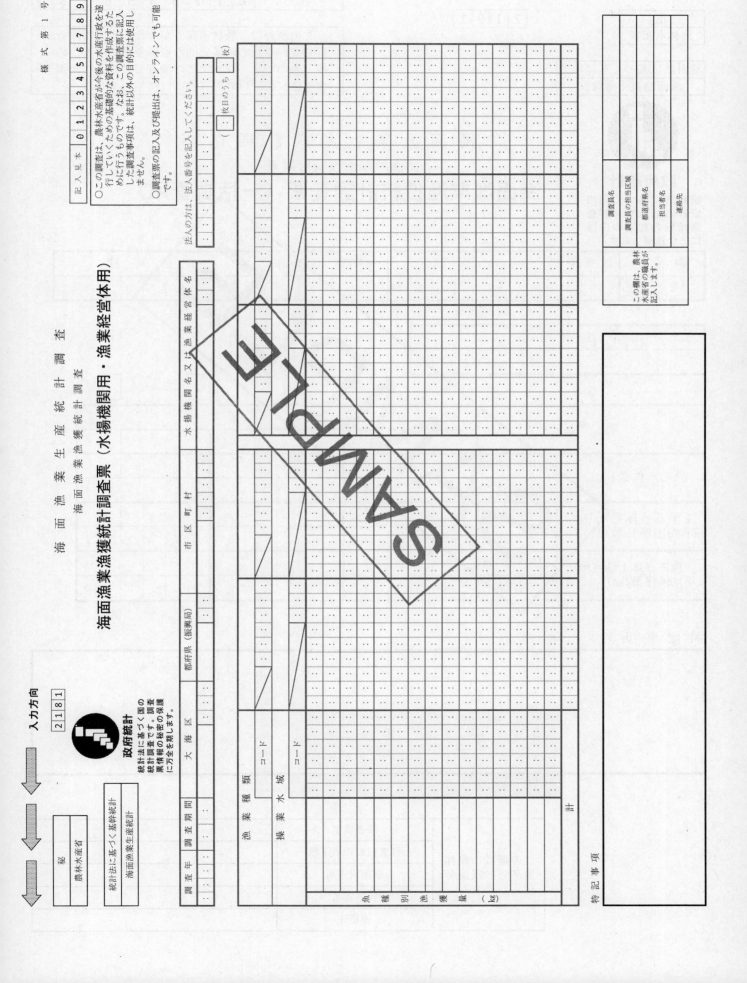

入力方向

様式第2号

記入見本 | 0 1 2 3 4 5 6 7 8 9

2 1 9 1

統計法に基づく基幹統計
海面漁業生産統計

この調査は、農林水産省が今後の水産行政を遂行していくための基礎的な資料を作成するために行うものです。なお、この調査票に記入した調査事項は、統計以外の目的には使用しません。

政府統計

統計法に基づく国の統計調査です。調査票情報の秘密の保護に万全を期します。

海 面 漁 業 生 産 統 計 調 査
海面漁業漁獲統計調査

海面漁業漁獲統計調査票（一括調査用）

調査年	調査期間	大 海 区	都府県（振興局）	市 区 町 村
： ： ：	： ：	： ：	： ：	： ： ： ：

漁 業 種 類	
	： ： ： ： ：

（ ： 枚目のうち ： 枚）

項 目		規 模		
		： ：	： ：	： ：
漁ろう体数（統）	前年同期値			
	本年値			
1漁ろう体当たり平均出漁日数（日）	前年同期値			
	本年値	： ： ： ：	： ： ： ：	： ： ： ：
1漁ろう体1日当たり平均漁獲量（kg）	前年同期値			
	本年値	： ： ： ： ：	： ： ： ： ：	： ： ： ： ：

特 記 事 項

この欄は、農林水産省の職員が記入します。	調査員名	
	調査員の担当区域	
	都道府県名	
	担当者名	
	連絡先	

SAMPLE

秘
農林水産省

2 2 0 1

統計法に基づく基幹統計
海面漁業生産統計

○この調査は、農林水産省が今後の水産行政を遂行していくための基礎的な資料を作成するために行うものです。なお、この調査票に記入した調査事項は、統計以外の目的には使用しません。

○調査票の記入及び提出は、オンラインでも可能です。

海 面 漁 業 生 産 統 計 調 査
海 面 養 殖 業 収 獲 統 計 調 査

政府統計

統計法に基づく国の統計調査です。調査票情報の秘密の保護に万全を期します。

海面養殖業収獲統計調査票（水揚機関用・漁業経営体用）

調査年	調査期間	大 海 区	都府県（振興局）		市 区 町 村
：：：	：：	：：	：		：：：：

水 揚 機 関 名 又 は 漁 業 経 営 体 名	法人の方は、法人番号を記入してください。
：	：：：：：：：：：：：：

1 養殖魚種別収獲量

（： 枚目のうち ： 枚）

特 記 事 項

養 殖 魚 種 名		収 獲 量 (kg)
	コード	
	：：：：：	：：：：：：
	：：：：：	：：：：：：
	：：：：：	：：：：：：
	：：：：：	：：：：：：
計		：：：：：：

2 年間種苗販売量

種 苗 名		単位	年 間 販 売 量
	コード		
	：：：：：	：	：：：：：：
	：：：：：	：	：：：：：：
	：：：：：	：	：：：：：：

3 年間投餌量

	年 間 投 餌 量 (kg)	
	配 合 飼 料	生 餌
養 殖 合 計	：：：：：：：：：	：：：：：：：：：
うち、ぶり類	：：：：：：：：：	：：：：：：：：：
うち、まだい	：：：：：：：：：	：：：：：：：：：

この欄は、農林水産省の職員が記入します。	調査員名	
	調査員の担当区域	
	都道府県名	
	担当者名	
	連絡先	

SAMPLE

 **入力方向**

様 式 第 4 号

| 記入見本 | 0 | 1 | 2 | 3 | 4 | 5 | 6 | 7 | 8 | 9 |

| 秘 |
| 農林水産省 |

2 2 1 1

| 統計法に基づく基幹統計 |
| 海面漁業生産統計 |

この調査は、農林水産省が今後の水産行政を遂行していくための基礎的な資料を作成するために行うものです。なお、この調査票に記入した調査事項は、統計以外の目的には使用しません。

政府統計

統計法に基づく国の統計調査です。調査票情報の秘密の保護に万全を期します。

海 面 漁 業 生 産 統 計 調 査
海面養殖業収獲統計調査
海面養殖業収獲統計調査票（一括調査用）

SAMPLE

調査年	調査期間	大 海 区	都府県（振興局）	市 区 町 村
：：：：	：：：	：：：	：：：	：：：：：

養 殖 魚 種 名	養 殖 方 法 名
：：：：：	：：：：：

項　　　　目		前年同期値	本年値
総施設面積（m²）			：：：：：：：：：
1施設当たり平均面積（m²）			：：：：：：：：：
1施設当たり平均収獲量	単位		：：：：：：：：：

特記事項

	調査員名	
この欄は、農林水産省の職員が記入します。	調査員の担当区域	
	都道府県名	
	担当者名	
	連絡先	

様式 第 1 号

統計法に基づく国の統計調査です。調査票情報の秘密の保護に万全を期します。

政府統計

㊙

農林水産省

内水面漁業生産統計調査
内水面漁業漁獲統計調査

内水面漁業漁獲統計調査票

○この調査は、農林水産省が今後の水産行政を遂行していくための基礎的な資料を作成するために行うものです。
○なお、この調査票は、統計以外の目的には使用しませんので、ありのままを記入ください。
○調査票の記入及び提出は、オンラインでも可能です。

入力方向 → **2 0 2 1**

調査年	都道府県	市町村	河川・湖沼	整理番号

記入見本 0 1 2 3 4 5 6 7 8 9

法人の方は、法人番号を記入してください。

1 魚種別漁獲量

昨年1年間（1月1日から12月31日まで）に河川・湖沼において、漁業経営体が漁獲した魚種別の漁獲量をkg単位で記入してください。
なお、レクリエーションを主な目的とした遊漁者の採捕量は漁獲量に含めないでください。

区 分	類	漁 獲 量 (kg)
さけ・ます類	さ け ま す	
	からふとます	
	さくらます	
	その他のさけ・ます類	
あ ゆ	わ か さ ぎ	
	あ ゆ	
し ら う お	し ら う お	
こ い	こ い	
ふ な	ふ な	
うぐい・おいかわ	うぐい・おいかわ	
う な ぎ	う な ぎ	
は ぜ 類	は ぜ 類	
その他の魚類	その他の魚類	
貝類	しじみ	
	その他の貝類	
えび	えび	
その他の水産動植物	その他の水産動植物	

※裏面の魚種分類表を参考にして記入してください。

2 天然産種苗採捕量

上記のあゆ及びうなぎの漁獲量のうち、種苗として採捕した数量をkg単位で記入してください。

項 目	採 捕 量 (kg)
あ ゆ	
う な ぎ	

天然産種苗採捕量

注：右づめで記入してください。

備考欄

増減の多かった魚種の増減理由について該当する番号を丸印をし（複数選択可）、その具体的な内容について記入してください。

（増減理由）
1 気象の影響、2 病気の発生、3 河川湖沼環境の変化、4 食害、5 需要の動向、6 その他

（具体的な内容）

農林水産省内水面漁業生産統計調査事務局

担当者名	
電話番号	

内水面漁業漁獲統計調査内水面漁業魚種分類表

魚 種		該 当 す る 魚 種 名 等
さけ類	さ け	しろさけ（「ときしらず」、「あきさけ」と称する地方もある。）、ぎんさけ、ますのすけ等
からふと・ます類	からふとます	からふとます（「せっぱりますし」と称する地方もある。）
	さくらます	さくらます（「ます」、「ほんます」、「ままます」と称する地方もある。）
	その他のさけ・ます類	ひめます（べにざけの陸封性）、にじます、ブラウントラウト、やまめ（さくらますの陸封性。「やまべ」と称する地方もある。）、いわな、おしょろこま、かわます、ごぎ、えぞいわな、びわます（あまご）、いわめ、いとう等
あゆ	わ か さ ぎ	わかさぎ
	あ ゆ	あゆ
しらうお	し ら う お	しらうお
こい	こ い	こい
ふな	ふ な	ふな（きんぶな、ぎんぶな、げんごろうぶな、かわちぶな等）
うぐい・おいかわ	うぐい・おいかわ	うぐい、まるた、おいかわ（「やまべ」、「はや」、「はえ」と称する地方もある。）
はぜ	は ぜ 類	類はぜ、ひめはぜ、うろはぜ、ちちぶはぜ、じゃこはぜ、あしろはぜ、ごくらくはぜ、どんこ、かわあなご、いさざ、しろうお、よしのぼり、びりんご、にじ、ちちぶ、うきごり等
その他の魚類	その他の魚類	上記以外の魚類（どじょう、ふくどじょう、あじめどじょう、しまどじょう、ほら、なまず、もろこ、にごい、ししゃも、らいぎょ、そうぎょ、まはぜ等）
貝類	し じ み	みやこしじみ、ましじみ、せたしじみ等
	その他の貝類	しじみ以外の貝類
えび	え び 類	すじえび、てながえび、ぬまえび（ざりがにを除く。）
その他の水産動植物	その他の水産動植物	上記以外の水産動植物（さざあみ、やつめうなぎ、かに、藻類等）

様式第 2 号

秘
農林水産省

内水面漁業生産統計調査
内水面養殖業収穫統計調査

内水面養殖業収穫統計調査票

政府統計

○この調査は、農林水産省が今後の水産行政を遂行していくための基礎的な資料を作成するために行うものです。
なお、この調査票は、統計以外の目的には使用しませんので、ありのままを記入してください。
○調査票の記入及び提出は、オンラインでも可能です。

記入見本 0 1 2 3 4 5 6 7 8 9

入力方向 2031

調査年　都道府県　市　町　村　整理番号

法人の方は、法人番号を記入してください。

1 魚種別収穫量（食用）

昨年1年間（1月1日から12月31日まで）に食用を目的として養殖（卵又は稚魚から食用サイズまで育てて出荷すること）を行い収獲したます類、あゆ、こい及びうなぎなどの収獲量を魚種別の収獲量をkg単位で記入してください。

注：右づめで記入してください。

項　目	収　獲　量（kg）
ます類　にじます	： ：
その他のます類	： ：
あ　ゆ	： ：
こ　い	： ：
う　な　ぎ	： ：

2 魚種別出荷販売量

昨年1年間（1月1日から12月31日まで）に採取した稚魚及び増養殖用に育成した稚魚のうち、販売した数量を単位に記入してください。なお、稚魚の販売量は、上記1の魚種別収獲量（食用）には含みません。

注：右づめで記入してください。

項　目	単　位	販　売　量
卵　類　にじます	1,000粒	： ：
稚魚　ます類　あゆ	1,000尾	： ：

3 観賞魚販売量

昨年1年間（1月1日から12月31日まで）に観賞用を目的として養殖（卵又は稚魚から観賞用サイズまで育てること）を行い販売したにしきごいについて、販売量を尾数で記入してください。

注：右づめで記入してください。

項　目	販　売　量（尾）
魚類　にしきごい	： ：

備 考 欄

増減の多かった魚種の増減理由について該当する番号に丸印をし（複数選択可）、その具体的な内容について記入してください。

（増減理由）

1 気象の影響、2 病気の発生、
3 養殖場環境の変化、4 食害、
5 需要の動向、6 その他

（具体的な内容）

※裏面の魚種分類表を参考にして記入してください。

担当者名
電話番号

農林水産省内水面漁業生産統計調査事務局

内水面養殖業収穫統計調査内水面養殖魚種分類表

魚種		該当する魚種名等
ます類	にじます	にじます、ドナルドソン
	その他のます類	やまめ、あまご、いわな等
	あゆ	あゆ
魚類	こい	こい
	うなぎ	うなぎ
	にしきごい	にしきごい

政府統計

統計法に基づく国の統計調査です。調査票情報の秘密の保護に万全を期します。

秘
農林水産省

内水面漁業生産統計調査
３湖沼漁業生産統計調査

３湖沼漁業生産統計調査票

○この調査は、農林水産省が今後の水産行政を遂行していくための基礎的な資料を作成するために行うものです。なお、この調査票は、統計以外の目的には使用しませんので、ありのままをご記入ください。

○調査票の記入又は提出は、オンラインでも可能です。

記入見本　0 1 2 3 4 5 6 7 8 9

法人の方は、法人番号を記入してください。

調査年	都道府県	市区町村	整理番号

農林水産省内水面漁業生産統計調査事務局	
担当者名	
電話番号	

1 ３湖沼漁業生産統計調査 ３湖沼漁業魚種分類表

ア 区分（魚類及び貝類の種類区分）

魚種	湖沼漁業の魚種名等

2 ３湖沼漁業生産統計調査 ３湖沼漁業漁種分類表

イ 漁獲物

漁業種類名	定義
漁業種類名	定義

3 ３湖沼漁業生産統計調査 ３湖沼養殖魚種分類名等

魚種	該当する種類名等

2 0 4 1

個　個　個

入力方向 →

単位：kg

1　漁業種類別魚種別漁獲量、天然産種苗採捕量（つづき）

（行番号）	漁業種類（つづき）	種類（つづき）
1		
2		
3		
4		
5		
6		
7		
8		
9		
10		
11		
12		
13		
14		
15		
16		
17		
18		
19		
20		
21		
22		

備考欄（漁獲量や収獲量の増減理由等記入してください。）

増減の多かった漁種の増減理由について該当する番号に丸印をし（複数選択可）、その具体的な内容について記入してください。

（増減理由）
1 気象の影響、　2 病気の発生、　3 湖沼環境の変化、　4 食害、　5 需要の動向、
6 その他
（具体的な内容）

注：右づめで記入してください。

※最終面の3湖沼魚種分類表・漁業種類分類表及び養殖魚種分類表を参考に記入してください。

1　漁業種類別魚種別漁獲量、天然産種苗採捕量

昨年1年間（1月1日から12月31日まで）に漁獲した漁獲量を漁業種類別・魚種別にkg単位で記入してください。なお、こあゆ及びうなぎのあゆ、うなぎの採捕量とは別に記入してください。
また、レクリエーションを主な目的とした遊漁者の採捕量は漁獲量に含めないでください。

（行番号）	区分	コード	漁業	種類
1	合計			
2				
3				
4	魚			
5				
6				
7	種			
8				
9				
10	別			
11				
12				
13	漁			
14				
15				
16	獲			
17				
18				
19	量			
20				
21	天然産 種苗	あゆ		
22		うなぎ		

注：右づめで記入してください。

2　養殖魚種別収獲量

昨年1年間（1月1日から12月31日まで）に養殖（卵又は稚魚から食用サイズまで育て出荷すること）を行い収獲した魚種別の収獲量をkg単位で記入してください。

項　目		収獲量（kg）
さけ・ ます類	にじます	
	その他のさけ・ます類	
あ　ゆ		
こ　い		
う な ぎ		
真　珠		
そ の 他		

注：右づめで記入してください。

3　魚種別種苗販売量

昨年1年間（1月1日から12月31日まで）に育成し採卵した卵及び増殖用又は養殖用とした稚魚等のうち、販売した稚魚を単位に注意して記入してください。

項　目		単　位	販売量
卵	ます類	1,000粒	
稚魚	ます類	1,000尾	
	あ　ゆ		
	こ　い		
その他の種苗		kg	

注：右づめで記入してください。

令和元年　漁業・養殖業生産統計年報

令和4年3月　発行　　　　　　　定価は表紙に表示してあります。

編集　〒100-8950　東京都千代田区霞が関１－２－１
　　　　農 林 水 産 省 大 臣 官 房 統 計 部

発行　〒141-0031　東京都品川区西五反田7-22-17　TOCビル
　　　　一般財団法人 農 林 統 計 協 会
　　　　振替　00190-5-70255　TEL 03(3492)2987

ISBN978-4-541-04366-5　C3062

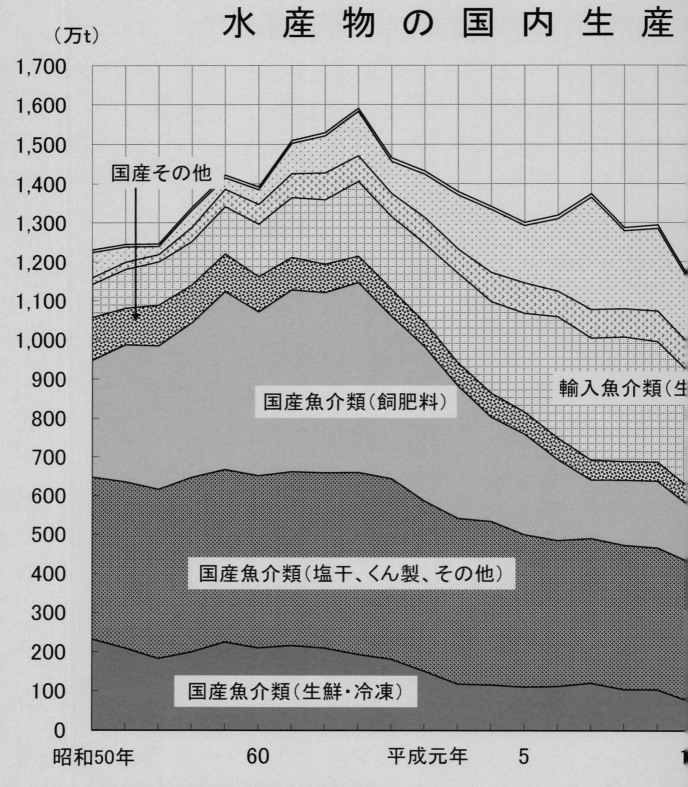

水 産 物 の 国 内 生 産

（万t）

国産その他

国産魚介類（飼肥料）

輸入魚介類（生

国産魚介類（塩干、くん製、その他）

国産魚介類（生鮮・冷凍）

昭和50年　　　　　60　　　　　平成元年　　　　5

注： 1 農林水産省大臣官房食料安全保障課「食料需給表」による。
　　 2 平成12年度から「生鮮・冷凍」、「塩干・くん製・その他」の輸入量は、最終形態の数量を推計している。例
　　　　えば、「生鮮・冷凍」で輸入されたものが「塩干・くん製・その他」の原料として使用された場合は「塩干・くん
　　　　製・その他」の輸入量に含まれている。
　　 3 「国産その他」、「輸入その他」とは、「魚介類（かん詰）」と「海藻類」の国内生産量、輸入量それぞれの合
　　　　計値である。